高等院校艺术设计类专业系列教材

UI设计

原理与实战策略

李喜龙　李天成　编著

清华大学出版社
北　京

内容简介

UI设计是艺术设计类专业学生的必修课程，是指对软件的人机交互、操作逻辑、界面美观的整体设计。本书以理论知识为基础，通过对实践案例的分析，串联起UI设计的整个流程和设计体系，为UI设计的学习和训练提供了重要的内容体系。

全书共分8章，内容涉及UI设计的基础知识和基本原理，UI设计中的图标设计、版式设计、色彩设计、字体设计，以及Banner设计和动效的制作。本书从概念到实践，深入浅出地呈现了UI设计的各个阶段、步骤和要素，让读者能够全面了解UI设计的整体流程，掌握更好的表现方式和技法。

本书适合作为高等院校艺术设计类专业的教材，也可作为UI设计、App界面设计从业者的参考用书。

图书在版编目(CIP)数据

UI设计原理与实战策略 / 李喜龙，李天成编著. 一北京：清华大学出版社，2022.2（2024.2重印）
高等院校艺术设计类专业系列教材
ISBN 978-7-302-60111-1

Ⅰ. ①U… Ⅱ. ①李… ②李… Ⅲ. ①人机界面－程序设计－高等学校－教材 Ⅳ. ①TP311.1

中国版本图书馆CIP数据核字(2022)第020962号

责任编辑：李　磊
封面设计：陈　侃
版式设计：思创景点
责任校对：马遥遥
责任印制：丛怀宇

出版发行：清华大学出版社
　　网　　址：https://www.tup.com.cn，https://www.wqxuetang.com
　　地　　址：北京清华大学学研大厦 A 座　　**邮　　编**：100084
　　社 总 机：010-83470000　　**邮　　购**：010-62786544
　　投稿与读者服务：010-62776969，c-service@tup.tsinghua.edu.cn
　　质 量 反 馈：010-62772015，zhiliang@tup.tsinghua.edu.cn
印 装 者：三河市铭诚印务有限公司
经　　销：全国新华书店
开　　本：185mm×260mm　　**印　　张**：13.5　　**字　　数**：336 千字
版　　次：2022 年 4 月第 1 版　　**印　　次**：2024 年 2 月第 3 次印刷
定　　价：69.80 元

产品编号：084657-01

高等院校艺术设计类专业系列教材

编委会

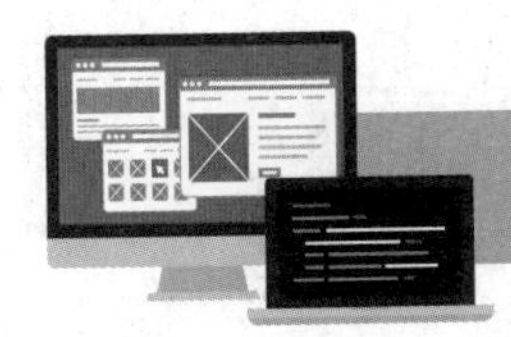

序

“平面设计”的英文为 Graphic Design，该术语由美国书籍装帧设计师威廉·阿迪逊·德维金斯 (William Addison Dwiggins) 于 1922 年提出。他使用 Graphic Design 来描述自己所从事的设计活动，借以说明在平面内通过对文字和图形等进行有序、清晰地排列，完成信息传达的过程，奠定了现代平面设计的概念基础。

广义上讲，从人类使用文字、图形来记录和传播信息的那一刻起，平面设计就出现了。从石器时代到现代社会，平面设计经历了几个阶段的发展，发生过革命性的变化，一直是人类传播信息的过程中不可或缺的艺术设计类型。

随着互联网的普及和数字技术的发展，人类进入了数字化时代，“虚拟世界联结而成的元宇宙”等概念铺天盖地袭来。与大航海时代、工业革命时代、宇航时代一样，数字时代也具有一定的历史意义和时代特征。

数字化社会的逐步形成，使媒介的类型和信息传达的形式发生了很大转变：从单一媒体发展到多媒体，从二维平面发展到三维空间，从静态表现发展到动态表现，从印刷介质发展到电子媒介，从单向传达发展到双向交互，从实体展示发展到虚拟空间。相应的，平面设计也进入了一个新的发展阶段，数字化的艺术设计创新必将成为平面设计领域的重点。

当今时代，专业之间的界限逐渐模糊，学科之间的交叉融合现象越来越多，艺术设计教育的模式必将更多元、更开放，突破传统、不断探索并开拓专业的外延是必然趋势。在这样的专业发展趋势下，艺术设计的教学应坚持现代技术与传统理念相结合、科技手段与人文精神相结合，从艺术设计本体出发，强调独立的学术精神和实验精神，逐步形成内容完备的教材体系和特色鲜明的教学模式。

本系列教材体现了交叉性、跨领域、新型学科的诸多“新文科”特征，强调发展专业特色，打造学科优势，有助于培养具有良好的艺术修养和人文素养，具备扎实的技术能力和丰富的创造能力，拥有前瞻意识、创新意识及开拓精神、社会服务精神的高素质创新型艺术设计人才。

本系列教材基于教育教学的视角，从知识的实用性和基础性出发，不仅涵盖设计类专业的主要理论，还兼顾学科交叉内容，力求体现国内外艺术设计领域前沿动态和科技发展对艺术设计的影响，以及艺术设计过程中展现的数字设计形式，希望能够对我国高等院校艺术设计类专业的教育教学产生积极的现实意义。

天津美术学院视觉设计与手工艺术学院院长、教授

前　言

UI 设计是一门集用户体验设计、交互设计、版式设计、配色设计、字体设计和动效设计等设计学科为一体的综合性视觉设计。在日常的认识中，大家经常单纯地认为 UI 设计只是视觉上的界面设计，这是一个误区，UI 设计对理论知识的全面性和实践技能要求较高。要想学好 UI 设计，需要学习各方面的设计知识，尤其要建立以用户体验为核心的设计理念，还需要掌握相关的软件操作技能，同时也需要去研究大量的优秀案例，完成大量的实战练习，掌握驾驭不同设计风格和设计内容的能力。

读者在学习 UI 设计的同时，必须了解和学习用户体验的相关知识。用户界面设计和用户体验设计是交互设计中不可分割的整体，一套好的 UI 产品往往都有一种好的用户体验相支持。由于本书篇幅有限，用户体验部分内容仅抛砖引玉，给读者提供一个基本的用户体验理念。

本书共分 8 章，内容涉及 UI 设计的基础知识和基本原理，UI 设计中的图标设计、版式设计、色彩设计、字体设计，以及 Banner 设计和动效的制作。除理论章节外，每章由浅入深，先对简单的理论知识进行讲解，再对常见的设计思路和方法进行分析，通过对实战案例的研究与制作，熟悉整体的设计流程，掌握不同风格的表现方法。由于行业设计软件的多样性，企业要求使用的软件也各不相同，所以书中并未对制作软件进行限制，读者可以根据自身掌握的软件技术的熟练程度进行选择。同时，对于很多第三方 UI 辅助软件、协作平台也并未做过多讲解，建议读者在掌握传统设计软件的基础上，根据从业要求自行学习。

在本书的编写过程中，得到了很多行业内专家、朋友的帮助，也听取了很多高校老师的意见，同时经过了多届 UI 交互设计方向的学生教学实训的反复验证与修订，进行了毕业后的跟踪反馈，在行业规范的基础上，结合高校教学与实践经验，总结出了一套适合学习 UI 设计的内容体系。书中的案例全部源于高校学生的原创、临摹作品，并不代表行业水平，如有不足之处，敬请谅解。由于 UI 设计行业知识和技术更新迭代的速度较快，书中疏漏之处在所难免，希望各位读者批评指正，以便今后修订与完善。

本书由李喜龙、李天成编著，参与编写的还有陈心悦、曹玉洁、董晓敏、张雪、张云婷、鲁鑫超、庞晖、田园、胡筝等，其中特别感谢胡子轩、郭培晟等提供的字体设计案例支持。本书的编写也得到了花瓣美素和天津市大学软件学院的大力支持，在这里一并致谢。

本书提供了实践案例源文件、PPT 教学课件和教学大纲等立体化教学资源，扫一扫右边的二维码，推送到自己的邮箱后即可下载获取。

编　者

目 录

第1章 UI设计概述

第2章 UI设计的基本原理

第3章 UI设计中图标的应用与实践案例

第 4 章 UI 设计中版式的应用与实践案例

第 5 章 UI 设计中色彩的应用与实践案例

第6章 UI设计中字体的应用与实践案例

第7章 Banner设计原理与实践案例

第8章 动效制作原理与实践案例

第 1 章　UI 设计概述

本章概述：

本章作为全书的开始章节，主要讲解 UI 设计的基础知识，让读者了解 UI 设计的范畴和应用领域。

教学目标：

通过对本章的学习，让读者了解 UI 发展的历史，掌握交互界面设计和用户体验设计的基本理论，为后续的 UI 设计实战提供方向。

本章要点：

UI 设计是以人机交互为基础的综合性视觉设计，交互界面设计和用户体验设计是 UI 设计不可分割的整体。

UI 是 User Interface 的缩写，即用户界面。传统意义上的 UI 是指机器与用户之间进行沟通的一种视觉媒介，机器通过 UI 以用户可以理解的形式将操作内容传达给用户，用户再通过 UI 操作将自己的意图传达给机器，形成用户与机器之间沟通的桥梁，让用户可以更加方便高效地操作机器，并实现良好的交互，这时进行的视觉化设计就被称为 UI 设计。

大到集成度较高的计算机，小到一块电子表，都属于 UI 设计的范畴，都包含用户体验、交互设计和视觉设计这三个方面，而当下人们最常提及与理解的 UI 设计，则单指基于智能终端的视觉化的交互界面设计，也是国内大部分 UI 从业者所涉及的内容。本书将以用户体验为出发点，交互设计为方向，视觉设计为中心，对 UI 设计进行系统讲述。

1.1　什么是 UI 设计

UI 设计的字面意思是用户界面设计，但是其基础是用户体验设计 (User Experience Design) 和交互设计 (Interaction Design)，这也是所有 UI 设计从业人员必须从根本上理解的概念，任何与用户体验设计和交互设计脱节的视觉设计，都是不负责任的。

1.1.1　UI 设计不单纯是视觉设计

把本小节内容独立并且放在本书的最前面位置，是因为在国内大众的认知中，经常会将从事 UI 设计的从业者称为“美工”，实际上这是不恰当的，是对 UI 设计最大的一个误区。因为 UI 设计是一项极为复杂的工作。设计者不仅要从颜色、版式和字体等这些视觉艺术的角度来考虑界面是否美观，还要从用户的操作习惯和视觉特性等人机工程学方面考虑界面的易用性，甚至还要研究用户心理学，以提高界面的整体舒适度。越是经验丰富的 UI 设计师，其跨越的学科越多，储备的知识也越丰富。

1.1.2 UI 设计的范畴

UI 设计的范畴极为宽泛，在生活中随处可见，人们正生活在一个被 UI 设计环绕的世界，只要有“人”与“机”，那么几乎所有的视觉设计都属于 UI 设计的范畴。

如图 1-1 所示，传统电视机需要具备调频、转台和音量控制等功能，需要考虑用户的操作习惯和视觉的布局，所以它也属于UI设计的范畴，因为其可操作的功能较少，所以UI设计也较为简单。如图 1-2 所示，对于现在的智能电视机，分类、检索和点播等功能已经远远超过传统电视机，简单的 UI 设计已经满足不了人机交互的需求，而且除了美观性以外，还要考虑易用性。

图 1-1　传统电视机的机械按键就是最原始的 UI 设计

图 1-2　小米智能电视机的 UI 设计

如图 1-3 所示，传统汽车的仪表盘需要显示转速、时速、油耗和故障等信息，同样也符合 UI 设计的特点，所以也属于 UI 设计。传统汽车的功能相对单一，机械面板的 UI 设计基本能满足用户的人机交互需求，但是随着科技的发展，例如特斯拉汽车已经使用数字中控完全取代了传统的仪表盘，除了显示转速等信息以外，增加了更多的智能控制，如图 1-4 所示。

图 1-3　传统汽车仪表盘的 UI 设计

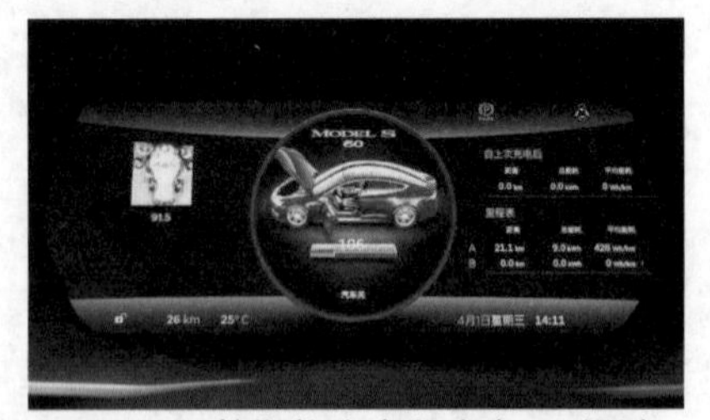

图 1-4　特斯拉汽车仪表盘 UI 设计

现在的生活中，传统的人工售票逐渐减少，由自助售票所取代，人们已经离不开各类自助售票机的服务。如图 1-5 所示，地铁站的自动售票机最早的时候只能实现单纯的站点统计，并根据站点的多少计算票价。而现在的自动售票机，除了基础功能外，还可以规划行程，在不同的线路间进行切换，最终计算出准确的票价，用户在操作过程中也更加便捷。

所以说，UI 设计的发展是和科技进步相辅相成的，UI 设计作为“人”与“机”之间沟通最重要的桥梁，同样也是非常重要的。

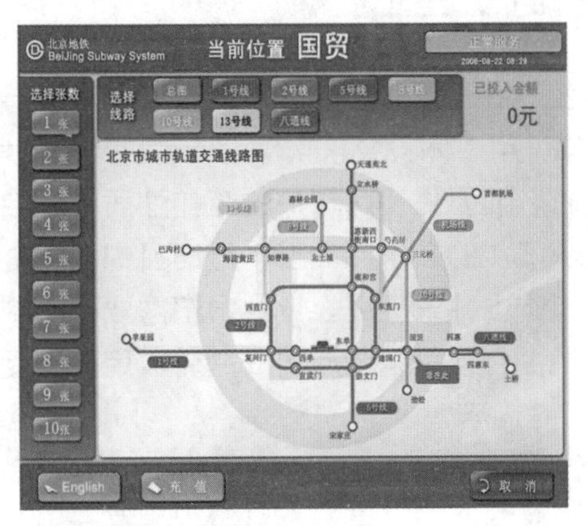

图 1–5 地铁自动售票机

1.1.3 交互设计的概念

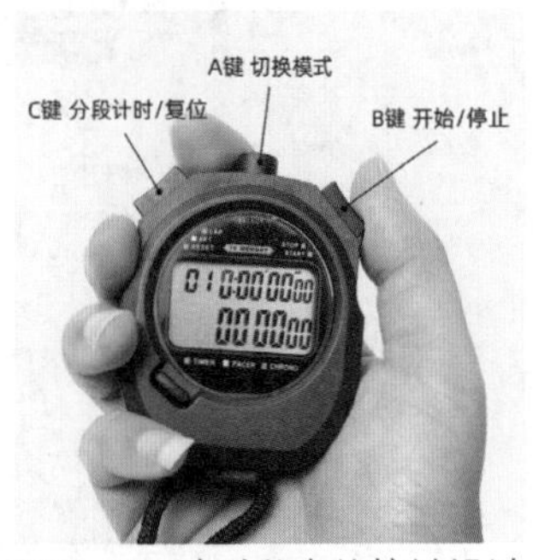

图 1–6 计时秒表的按键设计

交互设计其实一直都存在于我们的生活中，正因为其融入得过于紧密，所以一直没有被察觉。交互设计的理论支撑就是人机工程学，对于人机工程学这门边缘学科，人类已经形成一套全面且准确的知识体系。

如图 1–6 所示，在比赛中常用来计时的秒表，一般都由 A、B、C 三个键组成。人们右手持握时拇指对应 B 键，食指对应 C 键，如果需要按 A 键，那么要大幅度移动食指或者拇指完成，这就是一个比较成熟的交互设计。这样设计的原因是由三个按键的作用决定的。拇指和食指是五根手指中较灵活的两根手指，而拇指的运动更能被整个手臂所带动，所以拇指控制 B 键的作用就是随时启动和停止秒表运作，保证在人的反应速度内尽可能精确；而食指控制 C 键的作用是辅助分段计时和复位，按下时也不会影响拇指的操作；A 键一般是功能键，被设计在不容易被触碰的位置。

如图 1–7 所示，在苹果手机的关机界面和大疆无人机的自动起飞界面设计中，都采用了向右滑动的方式激活功能，那么这个设计的作用就是防止误触。

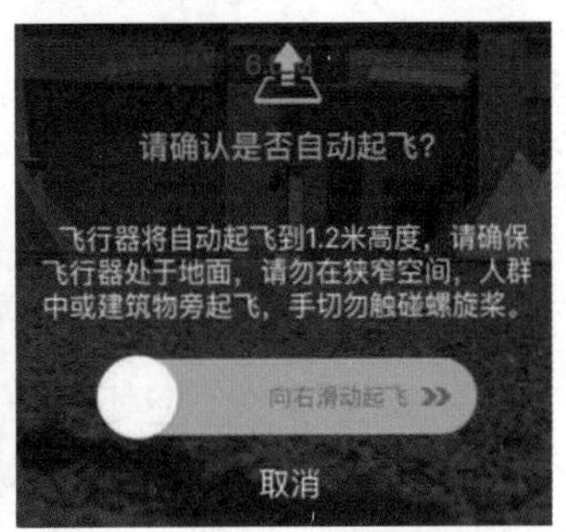

图 1–7 苹果手机关机界面和大疆无人机自动起飞的界面设计

1.1.4 用户体验的概念

用户体验是指在产品开发的前期，设计者通过市场调研、客户调查和确认客户群体等方式来指导软件设计的工作。用户体验要求软件设计者从用户的角度来看待软件的开发。

设计师在设计时必须要先了解用户的工作性质、生活习惯和身份等特定内容，只有这样才能准确把握住用户最深层次的需求和期望，最终目的就是提高产品的适用性。当产品被推广到市场之后，用户体验的工作也并未完成。设计师还需要投入市场去收集用户反馈，以此检验软件的界面设计和交互设计是否合理、是否成功及是否被用户接受，最后要基于这些调查为后续的软件设计提供改进意见和参考内容。

如图 1-8 所示，百度网盘的会员中心是价值与信息的聚集地，用户需要在众多特权、优惠信息中做出决策。整个框架清晰、直观、易懂，是提升用户决策效率及满意度的关键所在，所有视觉设计都需要围绕用户进行。

图 1-8　百度网盘的会员中心界面

1.1.5 界面设计的概念

界面设计是人们所熟知的 UI 设计的工作内容，国内大部分 UI 从业者所从事的都是这部分的操作与研究，设计师从颜色、版式和字体这三个方面对界面进行美化处理，这些工作除了要求设计师在艺术层面有一定的审美修养，还要对流行元素有足够敏锐的感觉，只有这样才能保证软件有效地吸引用户的目光。同时设计师在设计界面时，也需要考虑不同的因素在使用时对用户所产生的影响，这就要求设计师有意识地在界面设计中将消费心理学和人机工程学的理念融入进去，以此追求软件在商业和艺术间达到平衡。

1.2 UI 与 UE 的关系

UE(User Experience) 设计，即用户体验设计，是用户在使用某种产品或服务的过程中所建立起来的纯主观的心理感受。随着计算机技术与互联网的发展，新的科技促使技术创新形态发生转变，以用户为中心、以人为本的思想越来越受到重视，因此用户体验也被称为创新 2.0 模式的精髓。

在此之前的一段时间内，人们很少关注 UI 和 UE 两者关系的研究，机器的运行与用户的操作两者相对独立。当智能终端没有在大众的生活中普及的时期，机器大部分情况是不需要也没必要考虑人机交互的。例如，PC 刚刚问世的时候，其操作系统为 DOS，这个系统通过指令来完成操作，步骤烦琐、界面单一且只能完成单项任务。随着互联网和智能移动终端的普及，迎合用户的操作习惯成为商业竞争第一需要重视的要素，人机交互的重要性也在日益提高，同时用户体验的需求也愈发强烈。

互联网创业的热度近两年虽然已经趋于稳定，但其带来的变化却是颠覆性的，现如今单纯的 UI 设计师已经不再具有竞争优势，互联网产业更新换代极快，UI 设计师若只是熟悉界面中的视觉元素，那么就会很快被这个市场所淘汰。

UE 涵盖了 UI 的内容，UE 涉及的范畴大于并涵盖部分 UI 范畴，UE 设计的工作内容具体有用户调研、需求挖掘、用户画像、流程分析、产品战略、竞品分析、功能架构、头脑风暴、草图设计、线框原型、文案设计、说明文档、原型测试、沟通程序员、沟通 UI 设计师、品牌风格、界面布局、交互设计、界面设计与视觉设计等内容，而其中的品牌风格、界面布局、交互设计、界面设计与视觉设计就是 UI 设计所涉及的工作内容，两者间的具体关系如图 1-9 所示。

图 1-9　UE 设计和 UI 设计涉及的范畴

了解用户的需求，提升用户的体验，掌握交互的方式，是 UI 设计未来发展的方向。

1.3 UI 设计的发展历程

iPhone 设计上的成功与普及使人们直观地感受到了优秀的交互设计和绝佳的用户体验，至此 UI 设计这个行业正式进入了大众的视野，但由于只要是人与机器互动的界面都属于 UI 的范畴，所以在此之前 UI 设计其实已存在于人们的生活之中，只是难以得到人们的重视。

日常生活中的 UI 设计实际案例比比皆是，例如，当夜色降临时，满街闪烁的霓虹灯；当人们踏进电梯时，用来选择到达楼层的控制按钮及显示到达楼层的屏幕；当人们在银行取款时，ATM 机上用于引导用户操作的界面，这些在人们日常生活中再平凡不过的互动都是 UI 设计的范畴，只是之前很少有人能够总结并归纳出这个概念。

对 UI 设计的发展来说，移动端 UI 的出现是一个重要的分水岭，此后 UI 与 UI 设计才逐渐被人们重视起来，但在这之前，现代 UI 设计的概念从时间上看是按以下几个阶段发展的。

1960 年：约瑟夫 · 利克莱德 (J.C.R.Licklider) 首次提出“人机共栖”的概念，被视为人机互动界面的启蒙观点。

图 1-10　苹果第一代 Mac 电脑的界面

1984 年：苹果公司的第一代 Mac 电脑提出了 UI 一词，当时被称为图形化界面，其界面效果如图 1-10 所示。

1984 年：游戏《俄罗斯方块》诞生，成为世界上知名度很高的游戏，代表着图形化已经成为游戏 UI 中重要的发展方向，如图 1-11 所示。

1985 年：Windows 1.0 系统的出现，意味着可视化的 UI 进入大众视野，并表示这将是未来发展的趋势。图 1-12 为 Windows 1.0 系统界面。

2007 年：第一代 iPhone 由苹果公司发布，如图 1-13 所示。iPhone 的出现实现了硬件与软件的完美结合，并将用户体验推到所有人面前。

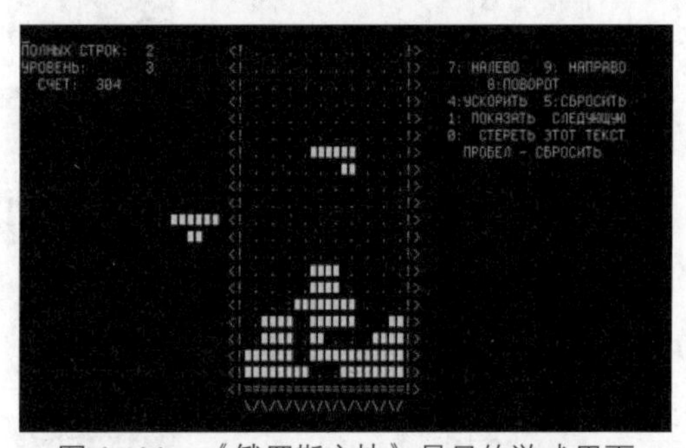

图 1-11　《俄罗斯方块》最早的游戏界面

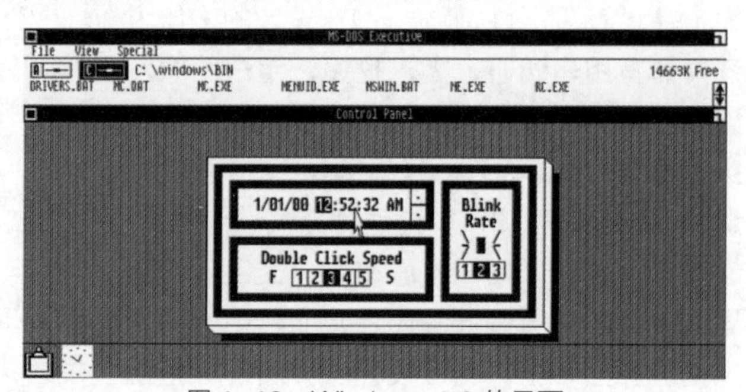

图 1-12　Windows 1.0 的界面

2008 年 8 月：苹果公司在 iPhone 中加入 App Store，移动端 UI 开始迅速兴起，如图 1-14 所示。

图 1-13　第一代 iPhone

图 1-14　App Store 的出现改变了 UI 设计的命运

2008 年 9 月：出现专门开发手机 App 的从业者，UI 设计师开始形成独立的专业职业。

2012 年：由于安卓手机具有开源性，所以掀起了移动互联网创业的浪潮，涌现了大批从事界面设计、交互设计和用户体验设计的设计师。图 1–15 为安卓系统 App 的 UI 设计。

2012 年 12 月，Windows 8 系统的出现，被认为是微软公司反击主导平板电脑及智能手机操作系统市场的苹果 iOS 和谷歌安卓的操作系统，如图 1–16 所示。该操作系统使用了新的 Metro 风格，除了具备微软适用于笔记本电脑和台式机平台的传统显示方式外，还特别强化适用于触控屏幕的平板电脑设计。

图 1–15　安卓系统 App 的 UI 设计

图 1–16　Windows 8 系统的 Metro 风格 UI 设计

Metro 风格的 Windows 8 系统，是现代最早提出 UI 视觉扁平化设计和操作轻设计的系统之一，但是由于其过分强调减少用户提示和视觉引导，而被大部分用户所诟病。

2013 年 6 月，苹果公司正式发布 iOS 7 系统，这也标志着现代 UI 设计正式步入扁平化时代。到目前为止，市面上几乎所有的 UI 设计都以扁平化为视觉设计的基准，而且除了视觉上的扁平化外，更加重视用户在操作中的“扁平化”。

1.4　UI 设计的分类

本书中提到的 UI 设计，主要是指以互联网产业的兴盛带动的 UI 设计，涉及的内容涵盖了人们生活的方方面面，根据其载体的不同，可以分为系统 UI 和 App UI；根据其终端的不同，可以分为手机端、平板端、电脑端和其他智能终端等；根据其系统的不同，可以分为基于 iOS 端和安卓端等；根据其用途的不同，可以分为应用 UI 和游戏 UI。

1.4.1　以终端为标准的分类

以终端为标准的分类，是指各个终端操作系统的 UI 设计。

1. 移动手机端 UI 设计

这是指手机的系统界面，是当下常见的 UI，目前市面上主流的移动端 UI 有苹果的 iOS 和谷歌的安卓，如图 1–17 所示。

与 Windows 8 操作系统同时诞生的 Windows Phone 8 在 2019 年 9 月 1 日后停止接收应用更新，代表着以 Metro 风格为主的 Windows 操作系统和手机彻底退出历史舞台，也代表着 iOS 和安卓成为世界上占有率较高的两大手机操作系统。

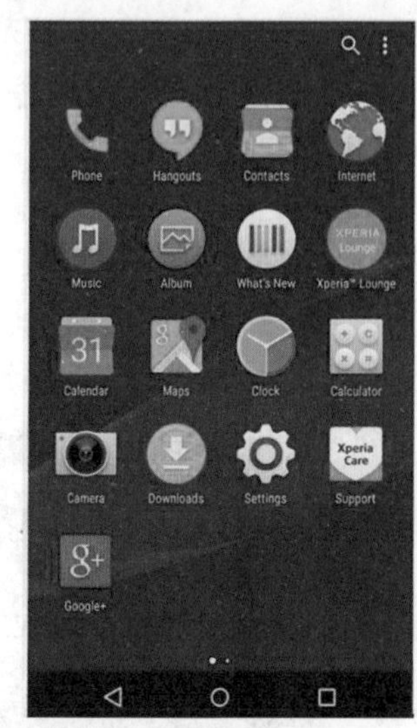

图 1–17 iOS 和安卓的 UI 设计

2. 移动平板端 UI 设计

这是指平板电脑端的界面，由于其具备和手机端一样的触控操作，所以大部分设计理念和手机的设计理念是相同的，唯一需要注意的是平板端屏幕尺寸的优势，往往让平板端的UI设计更加得心应手。如图1–18所示，iOS 端上的 Procreate App 是一款绘画软件，正是借助了平板端的两大优势，使其在一定程度上代替了手绘板的功能。

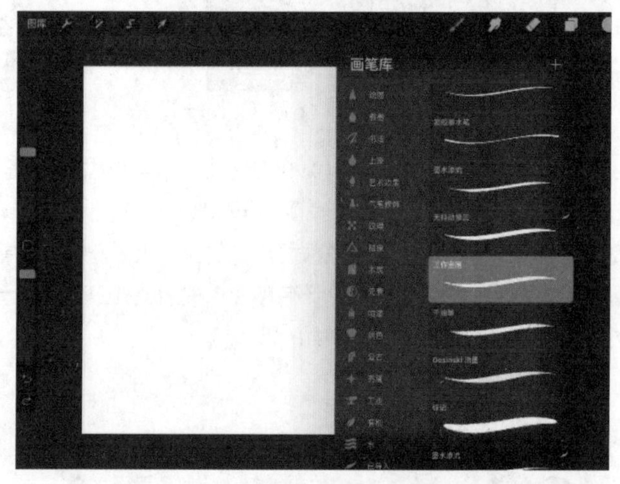

图 1–18 Procreate App 的操作界面

目前平板端的操作系统也主要集中在基于 iOS 和安卓两大操作系统平台。

3. 电脑端 UI 设计

电脑端 UI 主要包括 Windows、macOS、UNIX 和 Linux 等操作系统，PC 上的 Windows 和 Mac 上的 macOS 是知名度较高的电脑端操作系统。图 1–19 是 Windows 10 的操作系统界面，该操作系统集合了 Windows 8 易用的交互设计和 Windows 7 的高兼容性，是现在 PC 端使用率很高的版本；图 1–20 是 macOS Catalina 的操作系统界面，其精良的 UI 设计和操作的易用性，以及同品牌的生态链设计，已经被越来越多的用户选择。

图 1–19 Windows 10 的操作系统界面

另外值得一提的是平板电脑的UI设计。平板电脑介于平板与电脑之间，它既具备平板的便携性和触控操作方式，又具备电脑的运算能力和软件支持。如图 1–21 所示，基于 Windows 10 操作系统的平板电脑 Microsoft Surface 已经成为很多商务用户的首选。

图 1-20　macOS Catalina 的 UI 设计

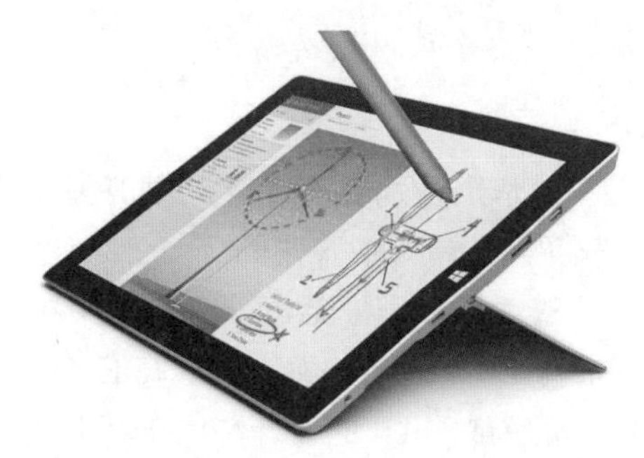

图 1-21　平板电脑 Microsoft Surface

4. 其他智能终端的 UI 设计

智能电视机和智能穿戴设备等智能终端，已经越来越多地采用可视化设计，其 UI 设计对于产品贴近用户、赢得用户青睐有很大作用。如图 1-22 所示，小米电视机的 UI 设计，集合了大屏、分类、导航和易用等特点，其他同类智能电视机也根据自身品牌特点对 UI 进行了优化。

图 1-23 是小米智能手环的屏幕。从最早的黑白屏到最新的彩色屏，都是在为 UI 而让步，例如小米手环 5 采用了 1.1 英寸的彩色可触控屏幕，更加说明了 UI 设计在智能设备中的重要性。

图 1-22　小米电视机的 UI 设计

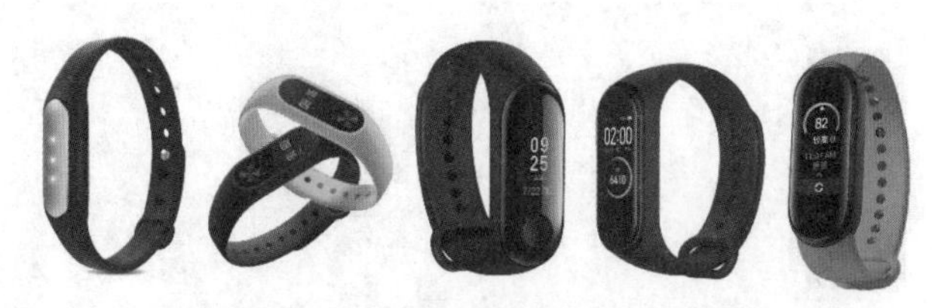

图 1-23　历代小米手环 UI 设计的演变

图 1-24 是车载 CarPlay 界面设计。CarPlay 是苹果公司发布的车载视觉化显示系统，它将用户的 iOS 设备、iOS 使用体验与仪表盘系统无缝结合，说明未来 UI 设计将向多元化发展。

图 1-24　车载 CarPlay 界面设计

5. 网页 UI 设计

网页 UI 设计不同于其他类别的 UI 设计，因为其用户体验、代码和设计的特殊性，所以是一项独立的 UI 设计门类。

网页 UI 设计更加注重框架与响应式设计，这要求 UI 设计师还应掌握一些基本的代码知识，比如 HTML 和 CSS，以及 JavaScript 和 jQuery。

1.4.2　以操作系统为标准的分类

目前市场占有率较高的操作系统有 iOS 和安卓，由于它们的定位不同，所以 UI 设计的方向也不同。

1. iOS

iOS 是苹果公司专门为移动端开发的操作系统，包括手机端和平板端，而其 Apple Watch 智能手表采用的是单独开发的 watchOS。

iOS 的优势在于稳定性、安全性和易用性较强。应用数量多、品质高是用户选择该系统的重要因素。对于 UI 设计，优势在于 iOS 有着非常详尽的设计规范，只需要按照规范中规定的尺寸和比例就可以完成对 UI 的设计，属于标准化设计，缺点在于设计师自我发挥的余地要小一些。

2. 安卓系统

安卓系统是谷歌公司专门为移动端开发的操作系统，大部分非苹果手机都采用了安卓系统，尤其是如智能电视机等一些智能产品，都是依据安卓系统开发完成的，这样的好处，一是降低了开发的成本，二是提高了软件的兼容性。

目前安卓系统的 UI 设计在整个 UI 设计行业中比重较大，原因是其具有开源性且没有固定的设计规范。如图 1-25 所示，小米的 MIUI、华为的 EMUI、魅族的 Flyme 和锤子的 Smartisan OS 等，都有其自身的风格定位，加之安卓系统支持主题风格的定义，所以各大品牌都有自己专门的主题市场，这也使目前 UI 设计市场偏向图标和界面的纯视觉设计。

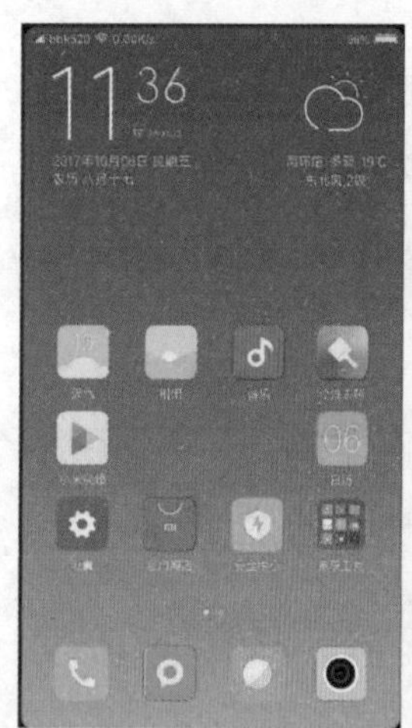

图 1-25　小米、华为、魅族和锤子的 UI 设计风格

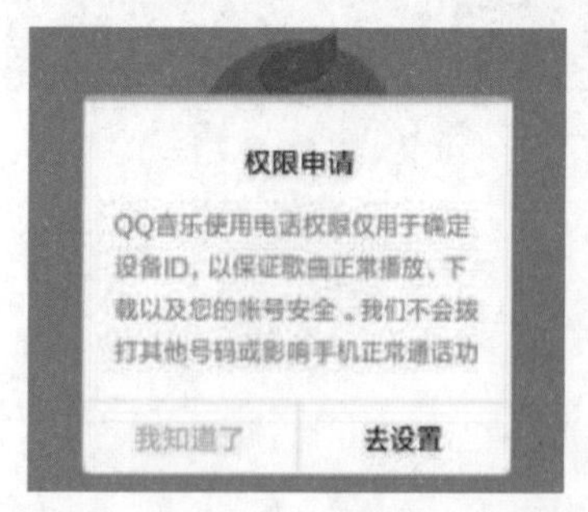

图 1-26　QQ 音乐试图获取本机权限

由于 iOS 的审核机制，目前很大一部分 App 的开发，都优先采用开源的安卓系统，所以用户体验和 UI 设计也都是从安卓开始进行研究的。但是安卓的缺点也是很明显的，就是其系统安全性不高，很多 App 利用这个漏洞获取了过多的系统权限，如图 1-26 所示。不过，目前大部分厂商已经注意到了这类问题，比如锤子的 Smartisan OS 已经采用了和苹果一样的权限分离机制，像 MIUI 12 中的“照明弹”功能，已经可以查看到各种 App 多余的权限操作，说明在未来的安卓系统中安全也会作为一项重要的评价标准。

1.4.3　以内容为标准的分类

以内容为标准进行分类，是目前 App 市场常用的分类方式，大致可以分为应用 UI 设计和游戏 UI 设计。图 1–27 为 Apple Store 的应用分类，应用 UI 设计根据其应用范围的不同有着相当庞大的体系，本书对于如何分类的问题不做赘述。

图 1–27　Apple Store 的应用分类

1. 应用 UI 设计

应用 UI 设计拥有目前最大的用户群体，像现在使用率较高的即时通信类软件微信、生活支付类软件支付宝、购物类软件淘宝、视频类软件抖音等，如图 1–28 所示。本书将在后面的章节以案例的形式对其进行分析。

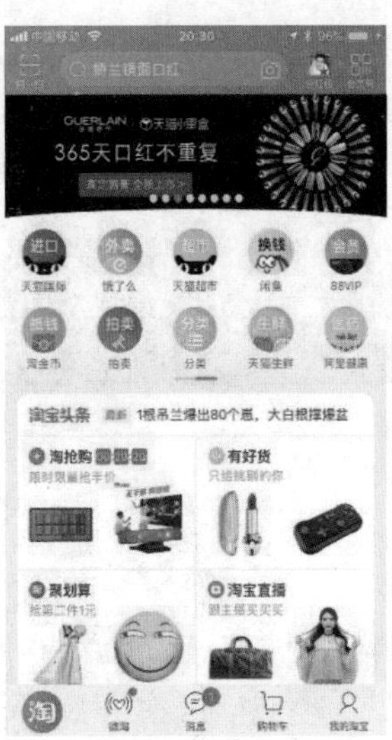

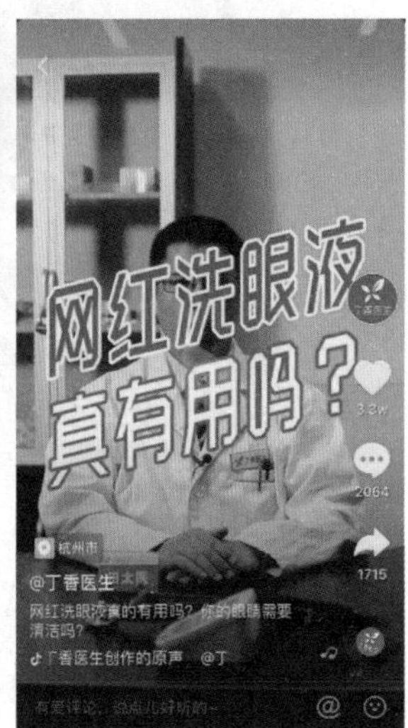

图 1–28　微信、支付宝、淘宝、抖音的 UI 设计

2. 游戏 UI 设计

游戏 UI 设计也是较为庞大的体系，是指各类游戏中的登录界面、个人属性栏和装备属性栏等设计，不同风格的 UI 设计往往决定了游戏产品的成败。

图 1–29 是游戏《愤怒的小鸟》的 UI 设计，它采用了卡通化的风格，自 2009 年发行以来，游戏《愤怒的小鸟》在各种移动设备平台上下载量已超过 10 亿。

图 1–30 是《英雄联盟》的 UI 设计，图 1–31 是《魔兽世界》的 UI 设计，这些都是游戏市场上较为成功的代表作品。

图 1-29　《愤怒的小鸟》的 UI 设计

图 1-30　《英雄联盟》的 UI 设计

图 1-31　《魔兽世界》的 UI 设计

由于游戏市场的波动较大，每款游戏的生命周期往往较为有限，其产品的延续性远不如其他互联网产品，这就导致了从事游戏 UI 设计的设计师相较于其他产品的 UI 设计师，人员更迭得更快。而对于游戏 UI，因为要表现其独有的风格，所以对 UI 设计师的美术功底要求更高。

1.5 UI 设计的现状

UI 设计曾经不被人们所重视，后来随着移动设备的普及，UI 设计得到了空前的发展，甚至 UI 设计师一度成为国内热门职业之一。

巨大的潜力加上市场的需求推动着这个行业的发展，所带来的结果就是行业从业者的过度饱和，市场对于 UI 设计师的需求，从单纯的视觉设计逐步转化为以用户体验为中心的全栈性设计。

众所周知，任何一个行业都会经历从火爆到平稳再到逐步凋零的三个阶段，现阶段 UI 设计正处于由火热到平稳的过渡时期，这一时期行业整体的热度微减却依旧是热门，加上经过几年的经验积累，各公司在 UI 设计方面也推出了较为成熟的管理体系和人员框架。在这样的大环境下，竞争就难以避免，随之而来的就是各种问题的出现。

1. 重合度过高

最典型的就是各类共享单车和外卖软件的 UI 设计重合度过高，这些软件彼此之间往往存在着恶性竞争，其结果就是造成了双方的两败俱伤，且浪费了大量的资源。如图 1–32 的饿了么和美团的 App，如图 1–33 的摩拜单车和哈啰出行的 App，其功能和 UI 设计都高度重合。

图 1–32　饿了么和美团 App 的 UI 设计

2. 相互借鉴情况普遍

这种现象导致同类型产品之间界面单调，而且设计元素雷同，很难有创新的地方，使用户容易产生审美疲劳。比如各类音乐软件的界面设计，除了颜色与图标上的差异，彼此之间的设计语言基本上完全相似，包括功能区的分布、字体的应用和各种按钮的响应等核心内容都可以说是毫无差别，当用户打开 QQ 音乐和酷我音乐这两款音乐 App 后，就会发现这个问题极其明显，如图 1-34 所示。

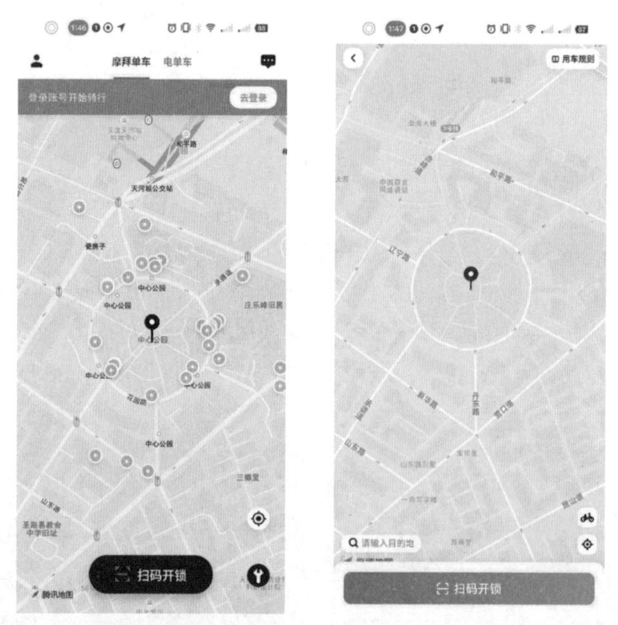

图 1-33　摩拜单车和哈啰出行 App 的 UI 设计

图 1-34　QQ 音乐和酷我音乐界面对比

3. 国外 App 国产化

图 1-35 中像“绿洲”和“花瓣”都是国外 App 的国产化。其无论是产品功能还是产品 UI，都与国外 App 高度相似。

图 1-35　UI 设计对比

4. 产品相对饱和

像通信类的微信、生活类的支付宝等 App 都成了人们生活中必不可少的软件，而且也是无法替代的。如图 1-36 所示的聊天宝（子弹短信），除了社交通信外，还加入了熟人圈，在发布后号称可以替代微信，但是由于没有微信那么庞大的用户群体，最终以下架告终。

图 1-36　聊天宝（子弹短信）界面

1.6 UI 设计的发展趋势

UI 设计现在正处于由火爆到平稳的过渡阶段，随着互联网行业的起起落落，UI 设计的风格也在进行着不断的升级和转变。

1. 多元化

UI 设计紧随各类科技公司发展的浪潮，可谓百花齐放，不光是现在人们所熟悉的手机 App 和网页有 UI 设计的身影，随着科技的发展，各种穿戴设备上的 UI、人工智能设备上的智能 UI、汽车上的车载 UI 及现在愈发流行的智能家居中的 UI 都大大保证了 UI 设计这个行业的生命力。

图 1-37　颂拓智能手表的 UI 设计

随着互联网平台间竞争的日益激烈，产品同质化现象越来越严重，基于这样的情况，UI 设计正逐步向场景化发展。例如现在手机上的各类运动软件，会通过 GPS、传感器等组件向用户传输位置、距离等信息，帮助用户了解自身身体状况并规划运动计划，并将其显示在穿戴式设备上，比如一些运动手表上的 UI 设计即可呈现此功能，如图 1-37 所示。再如智能家居的 UI 设计，可以使用户通过手机中的 App 掌控家中的各种电子设备，给用户带来沉浸式的场景体验，如图 1-38 所示。

图 1-38　智能家居的 UI 设计

2. 综合化

对于 UI 设计师，现在必须摆脱自己是人们传统思维中“美工”的认识，除了要在界面美观设计上有所研究，还需要了解用户的需求，掌握运营和代码等一系列的专业技能，往技能综合化的方向发展，以此保证自己在行业内可以长久地立于不败之地。

3. 扁平化

这里提到的扁平化不同于传统意义上的扁平化，而是由视觉扁平化和行为扁平化组成。

UI 设计的风格也在不断改变与发展，自从苹果公司推出了 iOS 7 系统以来，随之而来的便是系统中的扁平化风格，几乎一夜之间，大量的 UI 设计都完全抛弃了之前立体、逼真、看细节的拟物化风格，取而代之的是线条简单、色调明亮、采用大色块的扁平化风格，如图 1-39 所示。

图 1-39　苹果 iOS 系统的界面

导致拟物化风格转向扁平化风格的原因是大众对拟物化的审美疲劳，现在同样的情况也发生在扁平化风格上，所以真正扁平化的实质是行为扁平化，就是无论基于视觉的 UI 设计还是基于行为的 UE 设计都不能过多干扰用户的理解与操作。

拟物化从来没有因为扁平化的出现而变得不那么重要，而是大部分 UI 设计师都忽视了行为扁平化的真正意义。

虽然预测一个行业未来的发展趋势是相对困难的，因为各种挑战、风险和机会都会使一个行业的发展轨迹发生变化，但就 UI 设计这个行业来说，由于当今人们已经生活在一个互联网普及的时代，所以只要有互联网的存在，人机交互和界面设计就必不可少。

第 2 章　UI 设计的基本原理

本章概述：

本章作为全书的理论章节，从 UI 的构成、规范等方面进行讲解，为后续视觉设计打下理论基础。

教学目标：

通过对本章的学习，让读者了解 UI 设计的视觉原理及所需要的理论知识。

本章要点：

UI 设计的构成，熟悉 UI 设计的规范，掌握 UI 设计的基础流程。

虽然 UI 设计在广义上由用户研究、交互设计和界面设计三个方面组成，但是本书中的 UI 设计，还是仅针对纯视觉方面的 UI 设计来进行阐述，并贯穿一定的用户体验和交互设计理念。

2.1　UI 的构成

UI 设计从视觉上由图标、色彩、版式和字体四个基本方面组成，辅助以 Banner 和动效等内容，构成了 UI 设计整体的视觉体验。

(1) 图标设计是 UI 最基本的组成部分，也是最能体现产品风格的重要内容，在 UI 设计中占比较重，尤其是安卓主题市场，图标设计的成功与否直接决定主题的下载量。

(2) 色彩是用户在视觉设计中最早接触产品的方面，配色是否协调，是否能吸引用户的注意，是配色设计主要研究的内容。

(3) UI 的版式设计与传统的版式设计有很多共通之处，版式决定了用户的视觉顺序和阅读顺序，从使用角度间接影响了用户对产品的体验。

(4) UI 中的字体设计也要遵循传统字体设计的原则，但是 UI 设计中的字体应用又不同于传统字体设计，更需要考虑的是用户的识别性问题。

根据以上四点不难发现，其实 UI 设计的根本还是传统的视觉设计，只不过加入了人机的因素，传统视觉设计的作用是视觉传达，将需要传递的信息传达给用户即可，而 UI 交互设计不仅需要传达信息，还需要获得用户的反馈，也就是“交互”。

2.2 UI 设计的基本工作流程

关于产品交互设计的流程，根据不同的团队和习惯，有着较大的区别，并且相对复杂。一个产品必须要经过一套完整的流程才能诞生，而偏向视觉化的 UI 设计基本流程相对比较简单。

1. 关键界面原型图

关键界面原型图一般由交互设计完成，但是在业内经常由 UI 设计师兼顾。在确定的用户流程中，选出几个关键的、有代表性的步骤，做关键界面原型图。

原型图又称为线框图，为了能更清楚明了地表达意图，就需要用绘制线框图的方法来实现。图 2-1 是手绘原型图，低保真原型图无须精确表达，只需要将整体的布局及重要的模块表现出来即可，同时可根据实际情况绘制彩色或者灰色的草图。图 2-2 是使用 Adobe Illustrator 制作完成的高保真原型图。在高保真原型图中，要确定每一个 UI 元素，包括其大小和位置，原型图要与实际界面尺寸保持一致，等比的原型图能在前期避免考虑不周和执行困难等很多问题的出现。

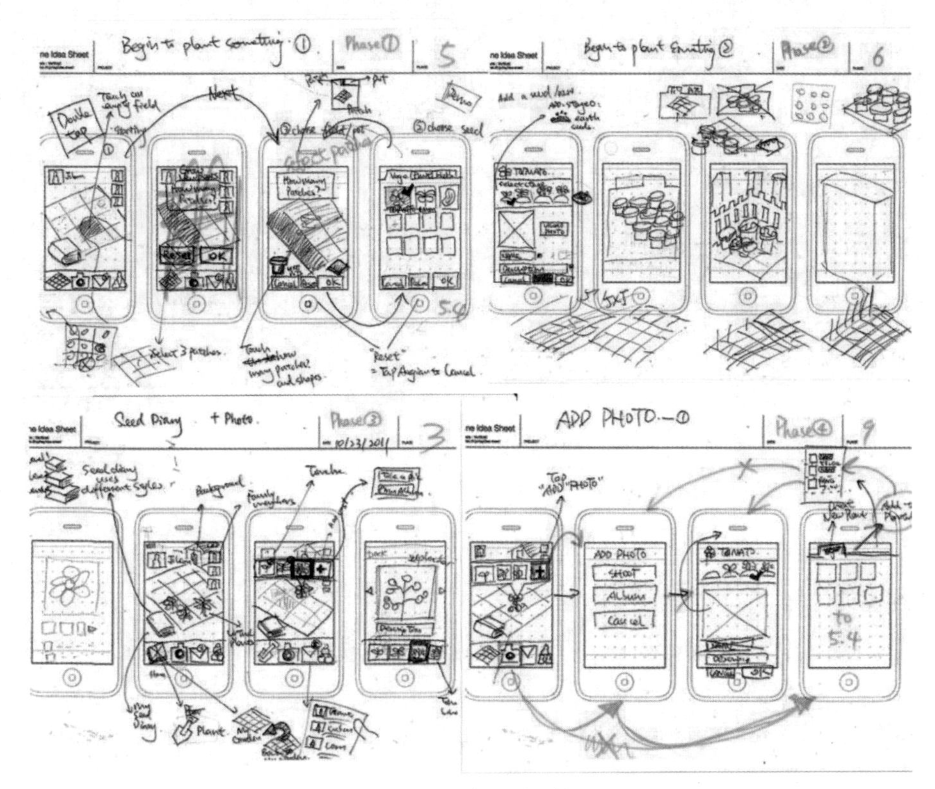

图 2-1　手绘原型图效果

这个环节主要用来确定关键界面中的 UI 元素和布局，以及全局的布局排版风格。同时要制定规范的说明文档，以方便团队协作。

一般情况下，低保真原型图除了使用手绘外，还可以使用 Axure RP 和 Adobe XD 等交互设计软件在电脑上设计与制作。

高保真原型图则追求屏幕尺寸和色彩细节等，比低保真原型图更加耗时，它通常是在低保真原型图确定后才开始制作，一般使用 Adobe Illustrator 和 Adobe Fireworks 等软件设计与制作。

图 2–2　使用 Adobe Illustrator 制作的高保真原型图

2. 关键界面视觉设计

在此环节，交互设计师会按照确定的用户流程和布局风格继续做其他界面的线框图。UI 设计师则同时开始做关键界面的视觉设计，进行不同风格配色、样式的尝试。

此环节要确定产品界面的视觉设计风格，一般使用 Adobe Illustrator 和 Adobe Fireworks 等软件设计与制作。

3. 全部界面原型图

在此环节，交互设计师要完成全部界面的原型图设计，并且需要制作一个树状结构图，方便团队参考。

4. 可动原型设计

在完成所有的原型图设计后，就可以制作可动原型，可以使用 Axure RP 和 Adobe XD 等软件制作，也可以在 MasterGo 等软件中便捷生成。可动原型除了要具备原型图中的基本要素外，还要实现页面的跳转和简单的动效等。

5. 全部界面视觉设计

此环节需要 UI 设计师完成全部界面的 UI 视觉设计。UI 设计需要在完成高保真原型图的基础上，对其进行视觉细化设计，具有针对性地为图形添加阴影、高光与质感等效果，完成这一步后，这个 App 就能够呈现给用户群体了。如果需要做用户调研的产品，一定要先做出可动原型再让用户使用测试，然后再完成全部 UI 的视觉设计。

在完成所有视觉设计后，就可以对完成界面图进行切片，并配合开发人员，完成视觉效果还原和细节修改。

2.3 UI 设计规范

由于各类操作系统的定位不同，其设计规范也不尽相同。随着各种智能设备的不断升级，其相应的产品规范也会发生不同的变化。根据目前市场的占有率，本书将以 iOS 和安卓系统为例进行阐述。

2.3.1 iOS 设计规范

目前主流的 iOS 设备开发尺寸主要有 iPhone 8(375×667@2x)、iPhone 8 Plus(414×736@3x)、iPhone 11 / 11 Pro Max(414×896@2x)、iPhone 13 Mini/11 Pro(375×812@3x)、iPhone 13 / 13 Pro(390×844@3x) 和 iPhone 13 Pro Max(428×926@3x) 这 6 种尺寸，如图 2-3 所示。它们都采用了 Retina(视网膜) 屏幕，如图 2-4 所示。在开发过程中，iOS 的尺寸都是由倍率换算而来的，未来即使 iOS 系统更新，这种分辨率的计算方法是不会发生改变的。对于其他非常用的开发尺寸，读者也可以在网上找到相关的规范文档。

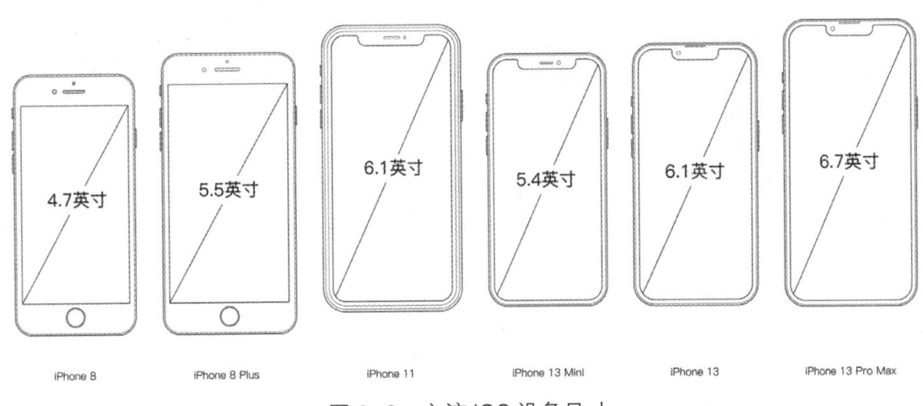

图 2-3　主流 iOS 设备尺寸

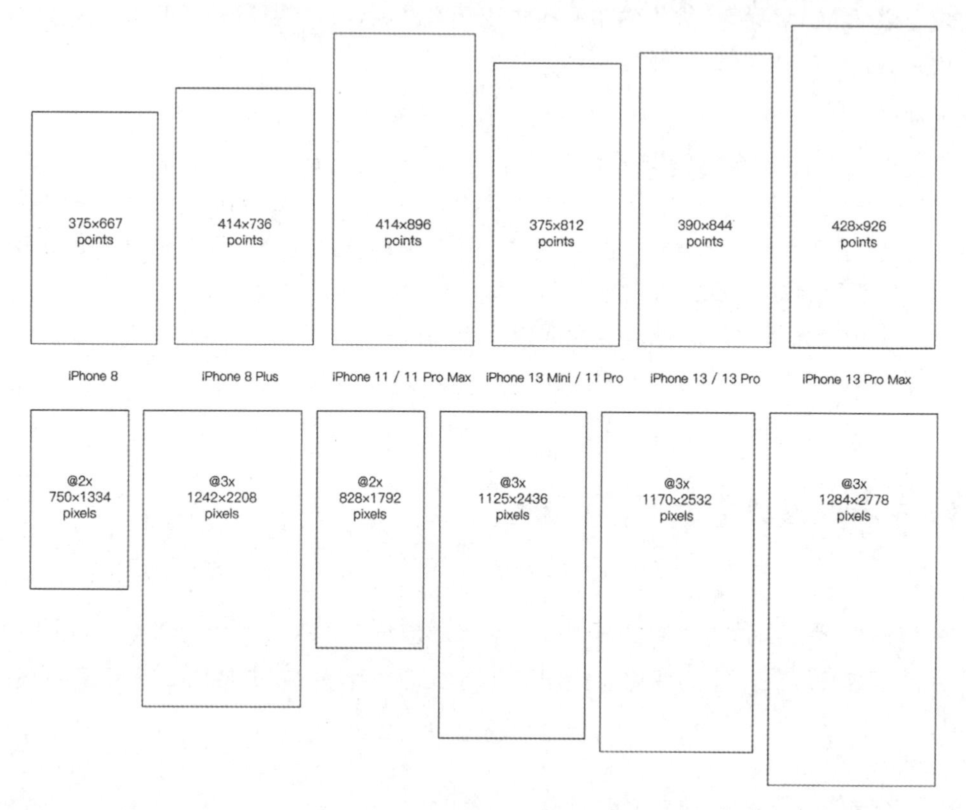

图 2-4　iPhone 不同机型的倍率换算方法

1. 字体

iOS系统中中文采用PingFang SC(苹方)字体,英文采用SF UI Text、SF UI Display字体。其中 SF UI Text 适用于小于 19pt 的文字，SF UI Display 适用于大于 20pt 的文字。iOS 系统中字体样式与相应区域的对应关系如表 2-1 和表 2-2 所示。

表 2-1　iOS 主界面与字体样式对照表

元素	字重	字号 /pt	行距 /pt	字间距 /pt
Title 1	Light	28	34	13
Title 2	Regular	22	28	16
Title 3	Regular	20	24	19
Headline	Semi-Bold	17	22	-24
Body	Regular	17	22	-24
Callout	Regular	16	21	-20
Subhead	Regular	15	20	-16
Footnote	Regular	13	18	-6
Caption 1	Regular	12	16	0
Caption 2	Regular	11	13	6

表 2-2　iOS 视觉元素与字体样式对照表

元素	字号 /pt	字重	字距 /pt	类型
Nav Bar Title	17	Medium	0.5	Display
Nav Bar Button	17	Regular	0.5	Display
Search Bar	13.5	Regular	0	Text
Tab Bar Button	10	Regular	0.1	Text
Table Header	12.5	Regular	0.25	Text
Table Row	16.5	Regular	0	Text
Table Row Subline	12	Regular	0	Text
Table Footer	12.5	Regular	0.2	Text
Action Sheets	20	Regular / Medium	0.5	Display

2. 图标

如图 2-5 所示，设计图标的时候，一般统一在 1024 × 1024px 的画板中进行制作，在使用时等比例缩放即可。正方形、长方形、圆形……无论哪种形状的图标，都需要进行调整，以达到视觉上的平衡。

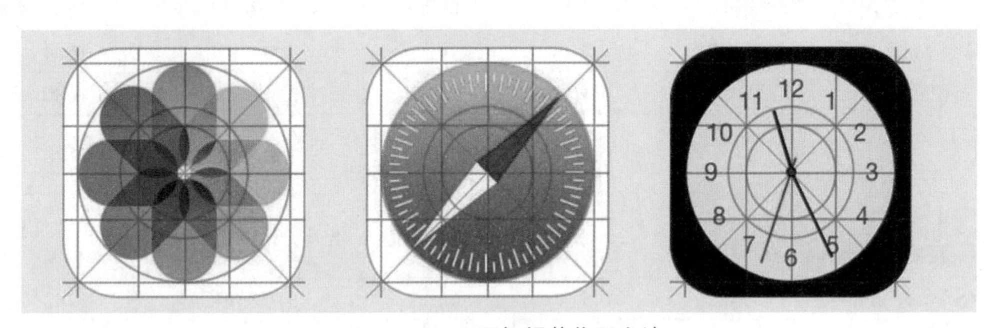

图 2-5　iOS 图标规范作图方法

1) 应用图标

应用图标的尺寸规范如表 2-3 所示，在设计和制作过程中必须严格按照尺寸进行。

表 2-3　iOS 图标中应用图标尺寸规范

设备名称	应用图标 /px	App Store 图标 /px	Spotlight 图标 /px	设置图标 /px
iPhone 11 Pro，Pro Max，X，XS，XS Max，8P，7P，6SP，6S	180×180	1024×1024	120×120	87×87
iPhone 11，XR，8，7，6S，6，SE，5S，5C，5，4S，4	120×120	1024×1024	80×80	58×58
iPhone 1，3G，3GS	57×57	1024×1024	29×29	29×29
iPad Pro 12.9，10.5	167×167	1024×1024	80×80	58×58
iPad Air 1&2，Mini 2&4，3&4	152×152	1024×1024	80×80	58×58
iPad 1，2，Mini 1	76×76	1024×1024	40×40	29×29

2) 自定义图标

自定义图标的尺寸规范如表 2-4 所示，在设计和制作过程中必须严格按照尺寸进行。

表 2-4　iOS 图标中自定义图标尺寸规范

设备名称	导航栏和工具栏图标尺寸 /px	标签栏图标尺寸 /px
iPhone 11 Pro，Pro Max，X，XS，XS Max，8P，7P，6SP，6S	66×66	75×75，最大 144×96
iPhone 11，XR，8，7，6S，6，SE，5S，5C，5，4S，4	44×44	50×50，最大 96×64
iPad Pro，iPad，iPad mini	44×44	50×50，最大 96×64

3. 分辨率和显示规格

屏幕分辨率是指屏幕上可显示的最高像素数目。屏幕尺寸显而易见，是指其面积。点距就是屏幕上像素与像素之间的距离，也就是代表单位面积内像素点数目的一个值。

如表 2-5 所示，当屏幕尺寸和点距都一定时，屏幕的分辨率才一定。当两项中有一项发生变化时，那么分辨率就会发生变化。在 iOS 规范中，分辨率 = 点距 × 倍率。

表 2-5　iOS 分辨率、点距、倍率对照表

设备名称	屏幕尺寸 /in	倍率	点距 /pt	分辨率 /px
iPhone 12 Pro Max，iPhone 13 Pro Max	6.7	@3x	428×926	1284×2778
iPhone 13 mini	5.4	@3x	360×780	1080×2340
iPhone 12，iPhone 12 Pro，iPhone 13，iPhone 13 Pro	6.1	@3x	390×844	1170×2532
iPhone 12 mini	5.4	@3x	375×812	1125×2436
iPhone XR，iPhone 11	6.1	@2x	414×896	828×1792
iPhone XS Max，iPhone 11 Pro Max	6.5	@3x	414×896	1242×2688
iPhone X，iPhone XS，iPhone 11 Pro	5.8	@3x	375×812	1125×2436
iPhone 8，7，6S，6	5.5	@3x	414×736	1242×2208
iPhone 8，7，6S，6	4.7	@2x	375×667	750×1334
iPhone SE，5，5S，5C	4.0	@2x	320×568	640×1136
iPhone 4，4S	3.5	@2x	320×480	640×960
iPhone 1，3G，3GS	3.5	@1x	320×480	320×480
iPad Pro 12.9	12.9	@2x	1024×1366	2048×2732
iPad Pro 10.5	10.5	@2x	834×1112	1668×2224
iPad Pro，iPad Air 2，Retina iPad	9.7	@2x	768×1024	1536×2048
iPad Mini 4，iPad Mini 2	7.9	@2x	768×1024	1536×2048
iPad 3，4	9.7	@2x	768×1024	1536×2048
iPad 1，2	9.7	@1x	768×1024	768×1024

4. 配色

视觉设计师给颜色取值时习惯采用 RGB 颜色，这个并不影响设计，但是在与开发人员沟通的时候，务必采用十六进制。例如红色的 RGB 值是 (R:255,G:0,B:0)，十六进制的书写方式为

#FF0000。

5. UI 组件布局

另外，在 iOS 的其他 UI 组件中，也有详细的规范来规定相对应的尺寸。

1) 状态栏 (Status Bar)

如图 2-6 所示，状态栏位于 UI 的顶部，主要用于展示手机运营商、手机信号、时间和电池电量等内容。

图 2-6　iOS 规范中状态栏的尺寸

2) 导航栏 (Navigation Bar)

如图 2-7 所示，导航栏位于 UI 中状态栏的下方，主要用于展示 App 的名称、返回和搜索等内容，常将其与状态栏一起设计，并保证两者的一致性。

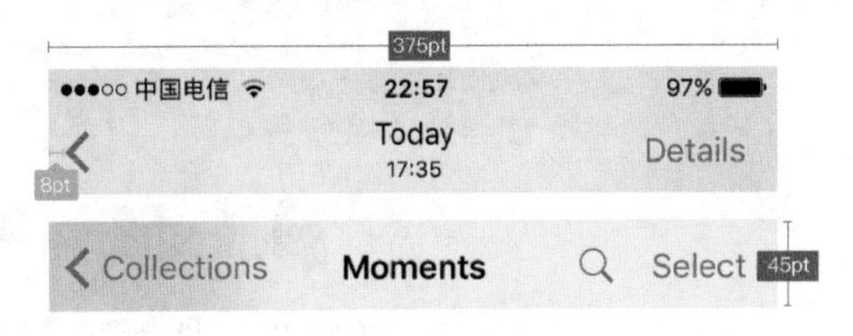

图 2-7　iOS 规范中导航栏的尺寸

3) 搜索栏 (Search Bar)

如图 2-8 所示，搜索栏是 UI 中搜索功能激活时弹出的单独窗口，分为未输入、输入和确认三个状态。

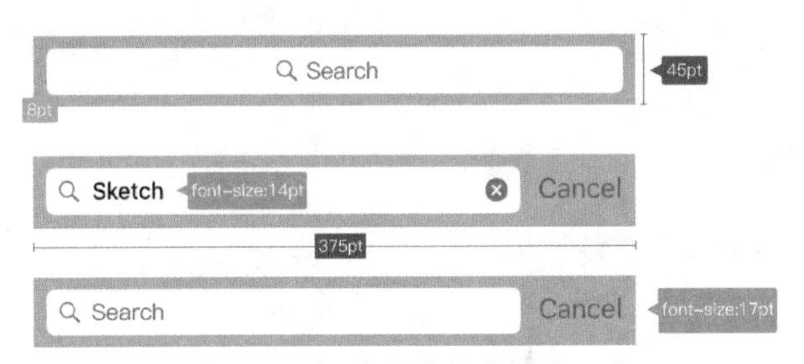

图 2-8　iOS 规范中搜索栏的尺寸

4) 标签栏 (Tab Bar)

如图 2-9 所示，标签栏位于 UI 的底部，主要用于展示 App 的主功能按钮，一般情况下由 4 ～ 5 个图标组成，图标之间要保证均匀分布，且字体大小一致。

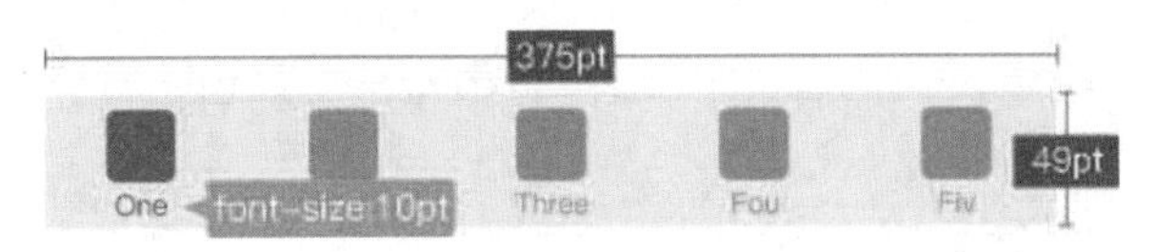

图 2-9　iOS 规范中标签栏的尺寸

5) 表格视图 (Table View)

如图 2-10 所示，表格视图是指将 UI 中的内容按照表格形式排列，在字体和图标的应用上需要按照固定的尺寸。

6) 模态框 (Modals)

如图 2-11 所示，模态框是指 UI 中激活扩展选项后的窗口，主要有 AirDrop、外置选项和内置选项三个类别，模态弹出框位于 UI 的底部，且都需要遵循标志设计规范。

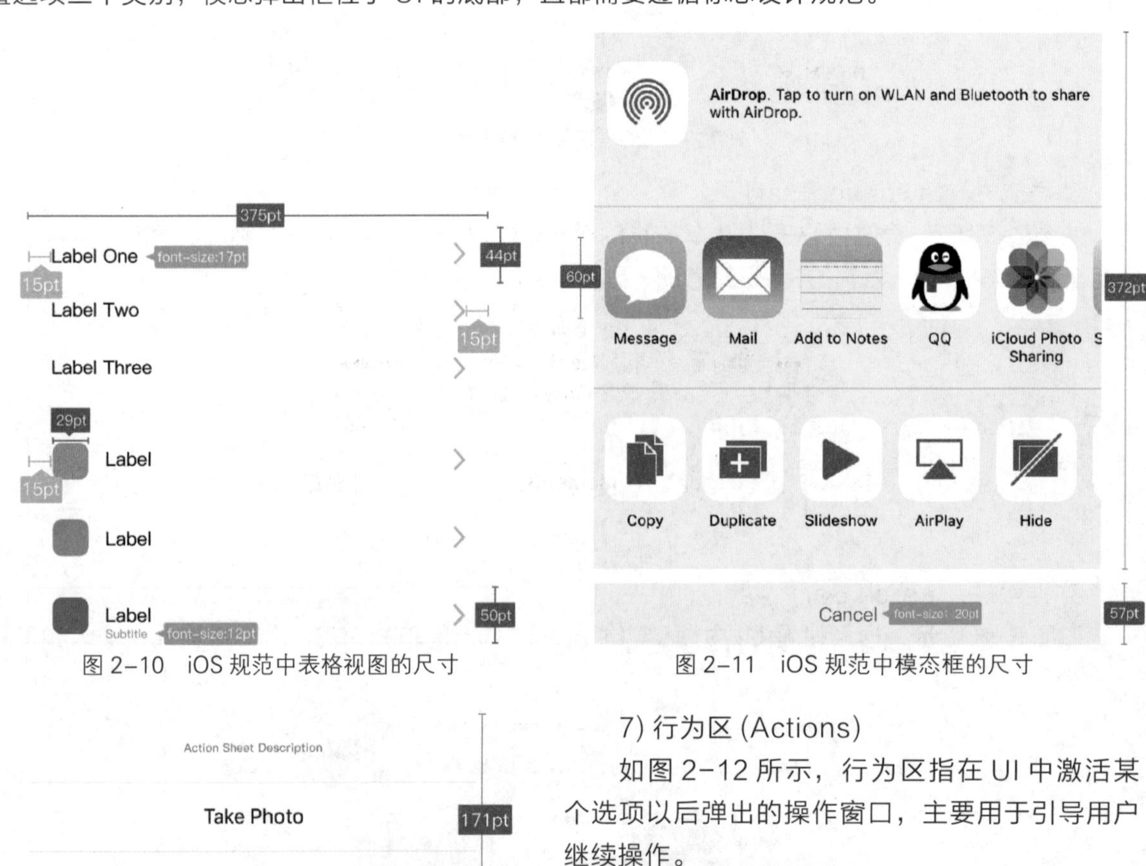

图 2-10　iOS 规范中表格视图的尺寸

图 2-11　iOS 规范中模态框的尺寸

图 2-12　iOS 规范中行为区的尺寸

7) 行为区 (Actions)

如图 2-12 所示，行为区指在 UI 中激活某个选项以后弹出的操作窗口，主要用于引导用户继续操作。

8) 提示框 (Alerts)

如图 2-13 所示，提示框指在 UI 中针对权限等特殊信息提示，主要用于提醒用户对关键内容进行选择。

9) 分段控件 (Segment Controls)

如图 2-14 所示，分段控件是一组分段的线性集合，每一个分段的作用是互斥的，即点击某分段使之处于触发状态，那么同一个分段控件的其他分段将恢复正常状态，所以分段控件本质上是一个单选组件。横向排布所有选项，相比于下拉菜单有更好的可见性。

10) 滑动条 (Sliders)

如图 2-15 所示，滑动条是在 UI 中控制音量、亮度和大小等内容的控件，其特点在于可以进行非数值化调整。

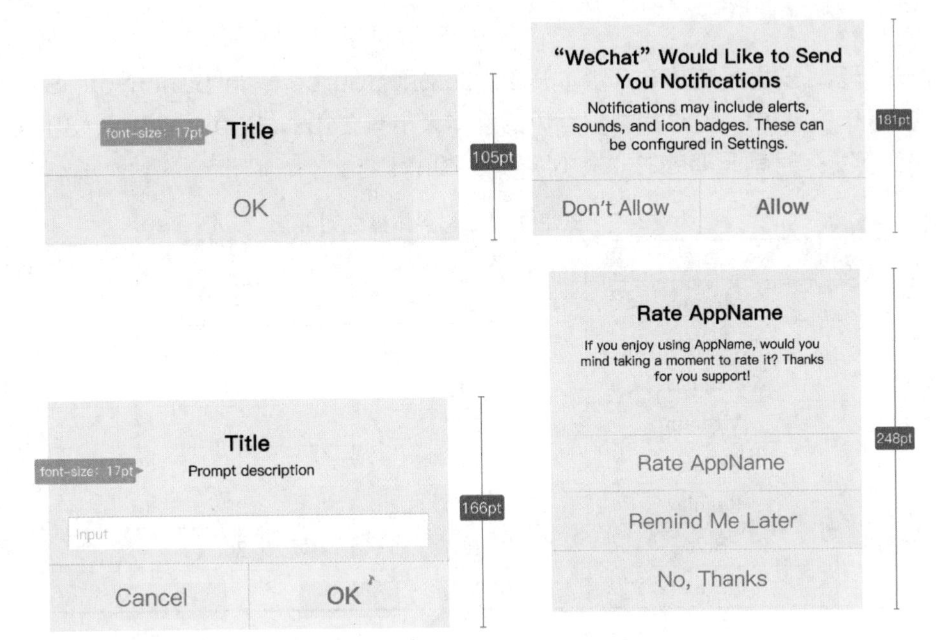

图 2–13　iOS 规范中提示框的尺寸

图 2–14　iOS 规范中分段控件的尺寸

图 2–15　iOS 规范中滑动条的尺寸

11) 切换按钮 (Switch)

如图 2–16 所示，切换按钮又叫收音机按钮，是 iOS 系统 UI 中最具标志性的选择方式，切换按钮同样属于单项选择的一种，并且可以通过颜色向用户传达选择的状态。

12) 计步器 (Stepper)

如图 2–17 所示，计步器是 UI 中对数值进行单步增减的按钮，“+” 负责增加，“−” 负责减少，二者相互独立，但不可以同时操作。

图 2–16　iOS 中切换按钮的尺寸

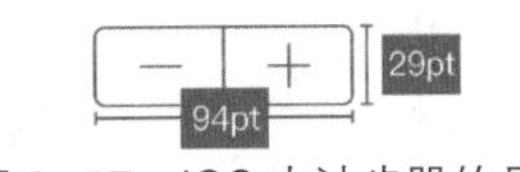

图 2–17　iOS 中计步器的尺寸

2.3.2　安卓设计规范

安卓手机的屏幕尺寸众多，按每个屏幕去适配肯定是不现实的，所以为了解决这个问题，安卓手机屏幕有自己初始的固定密度，安卓系统会根据这些屏幕不同的密度自己进行适配。

由于安卓系统的开源性，很多手机品牌所二次开发的系统 UI 规范都不尽相同，所以本书将以原生安卓系统规范为例进行说明。

1. 字体

如表 2-6 所示，安卓系统从 5.0 版本开始中文采用 Source Han Sans/Noto Sans CJK 字体，安卓的字号单位是 sp，通过换算，常见的字体大小有 24px、26px、28px、30px、32px、34px 和 36px 等，字号都是偶数的。最小字号为 20px。

表 2-6　安卓主界面与字体样式对照表

元素	字重	字号 /sp	行距 /dp	字间距 /dp
App Bar	Medium	20	—	—
Buttons	Medium	15	—	10
Headline	Regular	24	34	0
Title	Medium	21	—	5
Subheading	Regular	17	30	10
Body 1	Regular	15	23	10
Body 2	Bold	15	26	10
Caption	Regular	13	—	20

2. 图标

如表 2-7 所示，安卓系统中的图标并没有唯一的大小，可以根据不同的分辨率进行调整。iOS 图标规范中对图标的具体尺寸有明确的规定，而在安卓系统中仅需要控制图标的整体宽高尺寸即可。

表 2-7　安卓应用图标对照表

图标用途	mdpi (160dpi)	hdpi (240dpi)	xhdpi (320dpi)	xxhdpi (480dpi)	xxxhdpi (640dpi)
应用图标 /px	48×48	72×72	96×96	144×144	192×192
系统图标 /px	24×24	36×36	48×48	72×72	196×196

1) 应用图标

图 2-18 为安卓规范中应用图标的尺寸，根据其采用的形状，选用不同的尺寸。

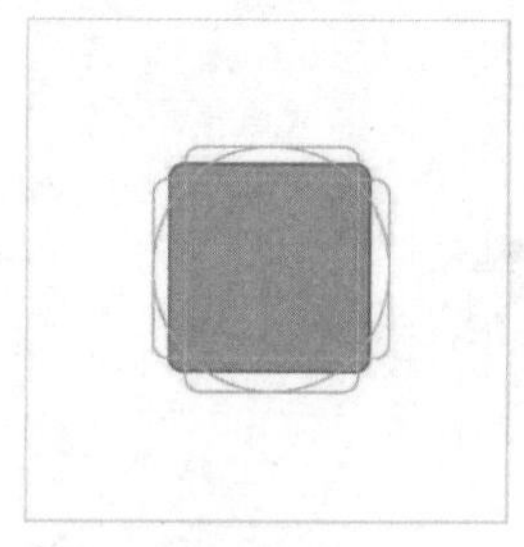

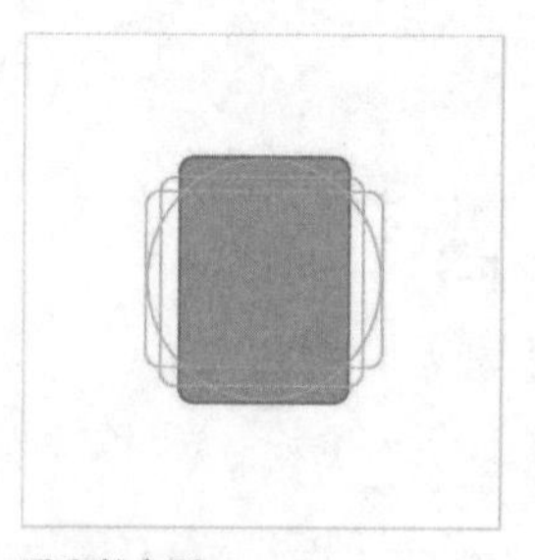

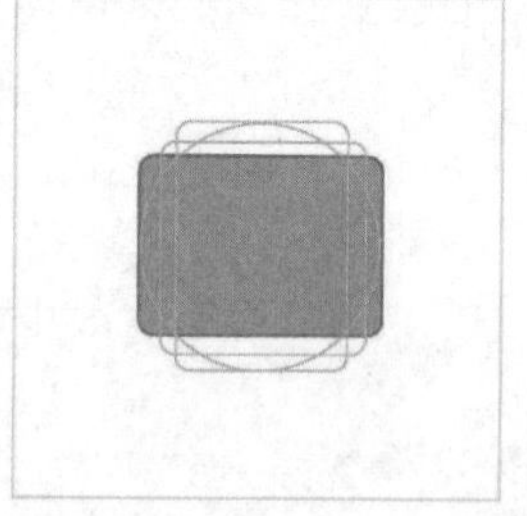

图 2-18　安卓规范中应用图标的尺寸

2) 系统图标

图 2-19 为安卓规范中系统图标的尺寸，根据其采用的形状，选用不同的尺寸。

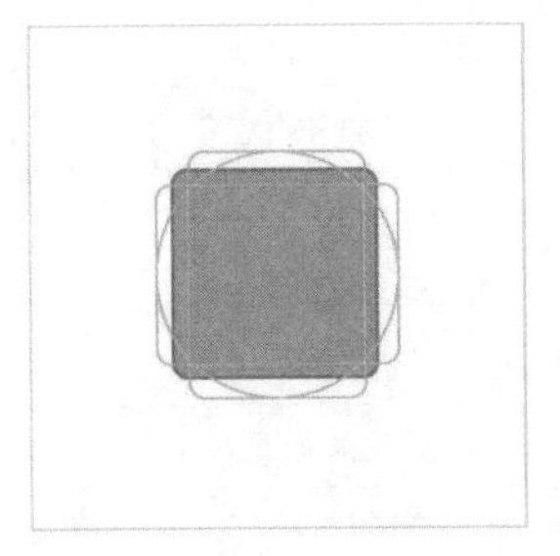

方形

高度：18dp 宽度：18dp

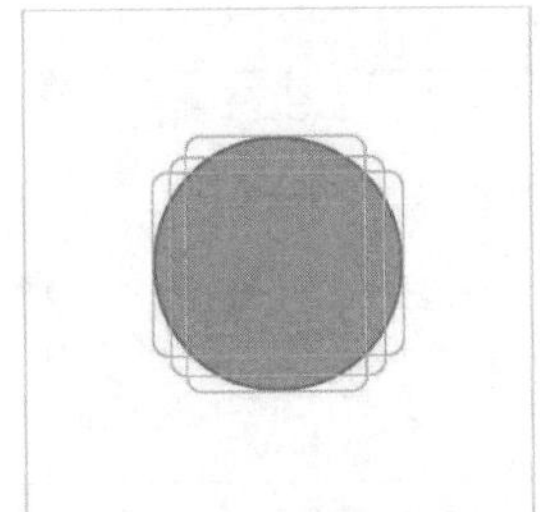

圆形

直径：20dp

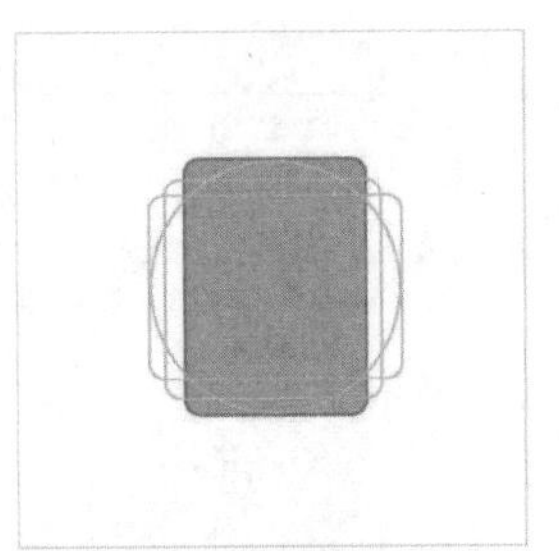

垂直长方形

高度：20dp 宽度：16dp

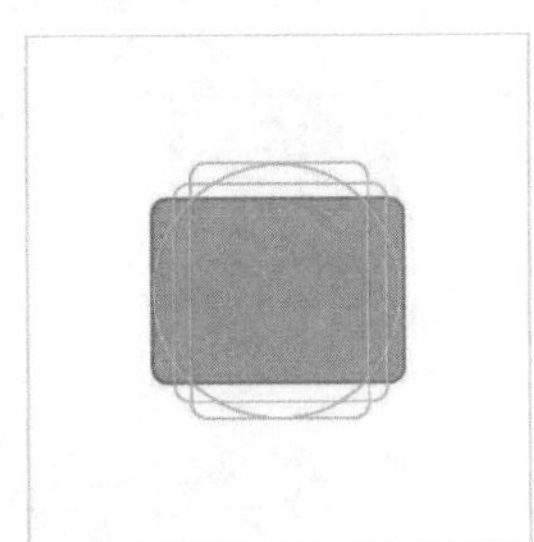

水平长方形

高度：16dp 宽度：20dp

图 2-19　安卓规范中系统图标的尺寸

3) 快捷图标

图 2-20 为安卓规范中快捷图标的尺寸。

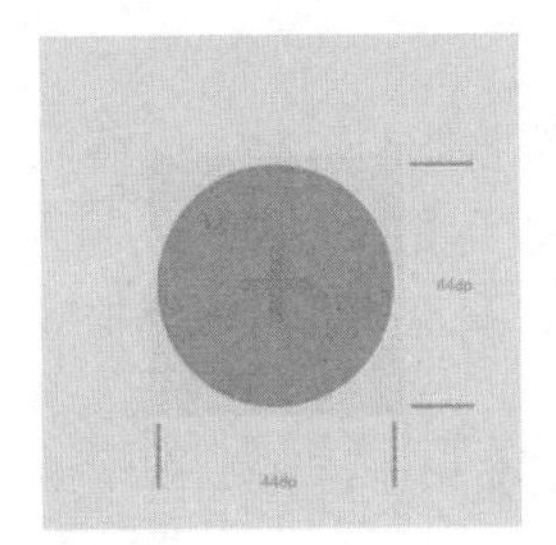

实际面积

高度：44dp 宽度：44dp

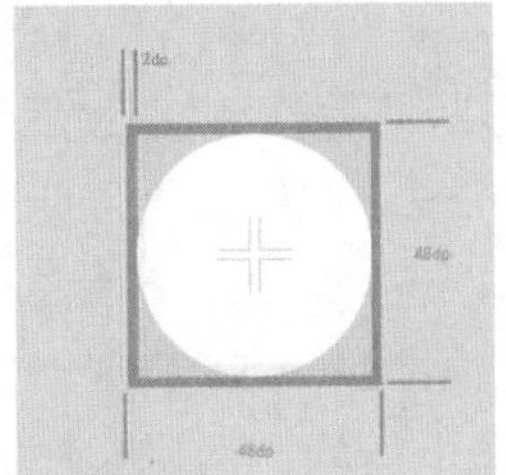

总面积

高度：48dp 宽度：48dp

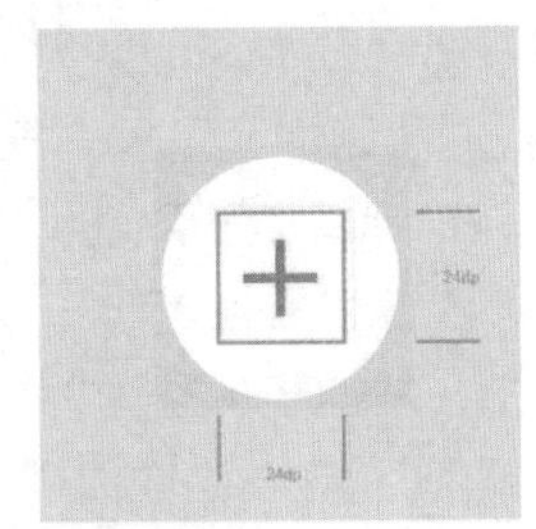

系统图标尺寸

高度：24dp 宽度：24dp

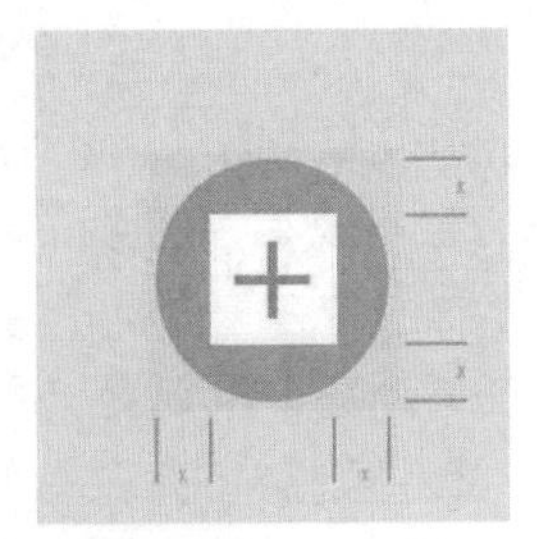

实际面积位置

剩余高度：24dp
剩余宽度：24dp

图 2-20　安卓规范中快捷图标的尺寸

3. 单位和度量

如表 2-8 所示，安卓系统的设计规范是以密度进行划分的，每个密度都有其代表的分辨率。

dpi= 屏幕宽度（或高度）像素 / 屏幕宽度（或高度）英寸

dp=(宽度像素 × 160)/dpi

表 2-8　安卓单位密度划分和分辨率对照表

名称	分辨率 /px	像素密度 /dpi	像素比	示例尺寸 /dp	换算尺寸 /px
xxxhdpi	2160×3840	640	4.0	48dp	192
xxhdpi	1080×1920	480	3.0	48dp	144
xhdpi	720×1280	320	2.0	48dp	96
hdpi	480×800	240	1.5	48dp	72
mdpi	320×480	160	1.0	48dp	48

如表 2-9 所示，在安卓系统规范中，距离单位是 dp，文字单位是 sp。在 720×1280 尺寸的画布中，换算关系为 1dp=2px，文字 1sp=2px。在 1080×1920 尺寸的画布中，换算关系为 1dp=3px，文字 1sp=3px。

表 2-9　安卓规范中单位换算表

倍率	对应资源文件夹	dp 换算成 px	设计画布尺寸 /px
1×	mdpi	1dp=1	360×640
1.5×	hdpi	1dp=1.5	480×800 530×960
2×	xhdpi	1dp=2	720×1280
3×	xxhdpi	1dp=3	1080×1920
4×	xxxhdpi	1dp=4	1440×2560

2.4 UI 设计中的视觉原则

一致性原则是 UI 设计视觉原则中最重要的原则，它既可以塑造品牌整体的形象，又可以减轻用户的学习成本，还可以保持产品体验一致性。UI 设计的一致性原则包括颜色一致性、版式一致性、字体一致性、图标控件一致性和交互操作一致性五个原则，各个原则都是并列且相辅相成的，只有在遵循各个原则的前提下，才能实现整体视觉设计的一致性。

对比原则从字面意思上理解，与一致性原则是相对的，但其实在实际的应用中，对比原则是一致性原则的一种特殊情况，所以也放到一致性原则中来讲解。

2.4.1 颜色一致性

在 UI 设计过程中，必须使用一致的配色方案，严格定义主题色、错误提示色、主标题色、副标题色等。

图 2-21　京东 App 的界面效果

在一个完整的项目流程中，不同的设计师会负责不同的模块，每个人都会有各自的思路，就有可能对相同的元素做出不同的方案，只有按照统一的设计规范来定义基本的元素，才能一起做出有统一性的产品。

图 2-21 是京东 App 的界面效果。京东采用红色作为主色调，当用户打开 App 看到红色的界面时，就会联想到京东这个品牌形象。

2.4.2　版式一致性

1. 间距一致性

将相关的元素组织在一起，使其彼此间的物理位置相互靠近，这样一来相关的元素将被看作凝聚为一体的一个组，而不再是一堆彼此无关的个体。间距设定的根本目的是实现组织性，让用户对页面结构和信息层次一目了然。另外，在视觉上不会导致产品界面给人混乱的感受。

1) 纵向间距关系

从纵向来看，一般会采用三种不同的间距来区分模块的层次，间距越大，其所处的层级也就越大。

2) 横向间距关系

从横向来看，一般采用相同的间距来分割不同的模块，但是由于人的视觉特性，在横向均匀分布的时候，界面的左右边距都应该稍微大一些，如图 2-22 所示。

图 2-22　横向间距分布关系效果示例

无论是纵向间距还是横向间距，在同一款 App 的 UI 设计中，都必须制定相同的间距规范，以保证间距的一致性。

2. 对齐一致性

在 UI 设计中，任何视觉元素都不能在页面上随意安放，每一项都应当与页面上的某项内容存在某种联系。对齐是贯穿 UI 设计中最基础、最重要的原则之一，此原则能建立起一种整齐划一的外观，可以带给用户有序一致的浏览体验。

1) 文案类对齐

如图 2-23 所示，如果页面的字段或段落较短、较散时，需要确定一个统一的视觉起点。

2) 表单类对齐

如图 2-24 所示，在表单设计中，以选项、冒号为准进行对齐能让内容的视觉起点放在表单的中心，冒号所形成的视觉流，能让用户更好地找到所有填写项，从而提高填写效率。

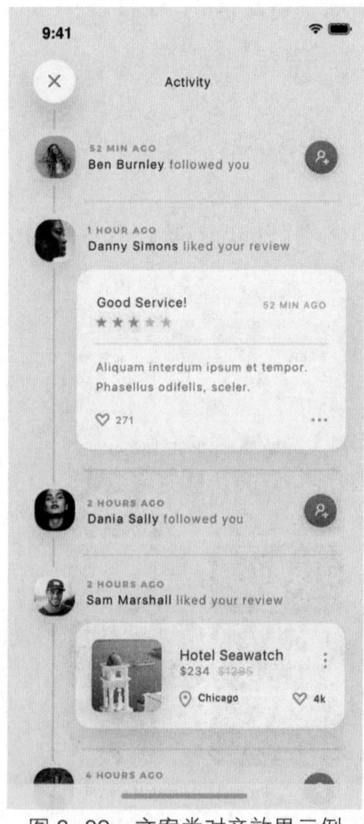

图 2-23　文案类对齐效果示例

图 2-24　表单类对齐效果示例

3) 数字类对齐

如图 2-25 所示，在数字列表的设计中，将所有数字靠右对齐能让内容的视觉起点放在右侧，单位所形成的视觉流，能让用户更好地比对数值。

实际 UI 设计中的对齐内容远不止上述三种，但是其基本的原则是不变的，那就是务必找到用户的视觉起点，然后按照视觉流的方向引导用户阅读，帮助用户更好地获取界面中的信息。

3. 重复一致性

有时设计的某些元素需要在整个作品中重复。重复元素可能是一种粗字体、一条粗线、某个项目符号、颜色、设计要素、某种格式、空间关系等，可以把重复认为是“一致性”。

1) 文案格式重复一致性

如图 2-26 所示，对于并列关系的文案格式排版，其字体、字体大小、颜色和段落间距等，都需要保持一致，这样才会形成重复且统一的版式风格。

2) 设计要素重复一致性

如图 2-27 所示，采用相同风格的图标，形成设计要素的重复。

3) 卡片样式重复一致性

如图 2-28 所示，采用相同风格的卡片，形成卡片样式的重复。

相同的元素在整个界面中不断重复，不仅可以有效降低用户的学习成本，也可以帮助用户识别出这些元素之间的关联性。

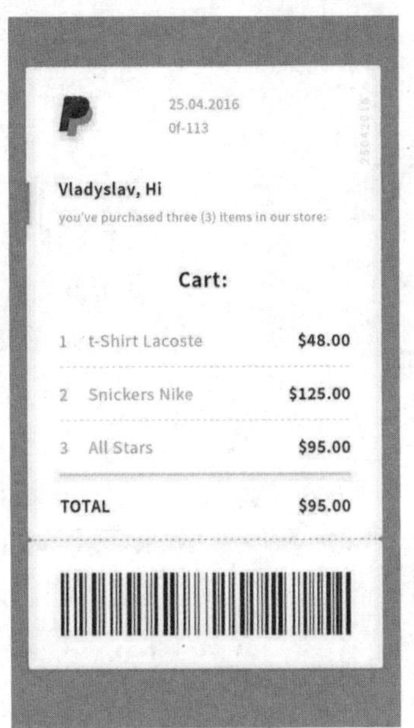

图 2-25　数字类对齐效果示例

图 2-26　文案格式重复一致性效果示例

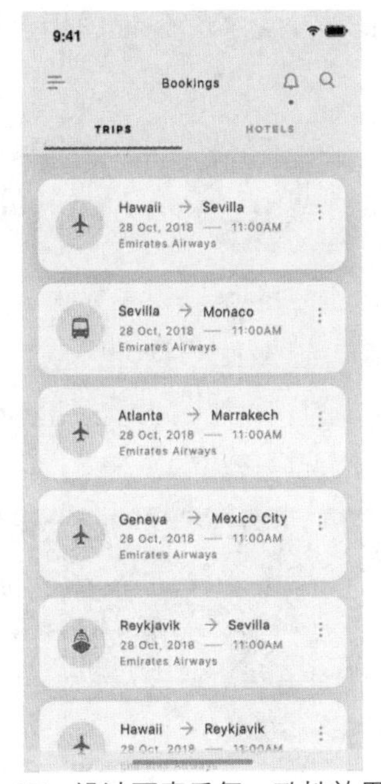

图 2-27　设计要素重复一致性效果示例

图 2-28　卡片样式重复一致性效果示例

2.4.3　字体一致性

无论是传统的平面设计，还是 UI 设计，对字体的选择一直是初学者最容易出现误区的方面。网上海量的字体字库，成为每一位设计师选择的开始，设计出的作品堆砌了各式各样的字体，不仅显得杂乱，而且也会有字体侵权的问题。

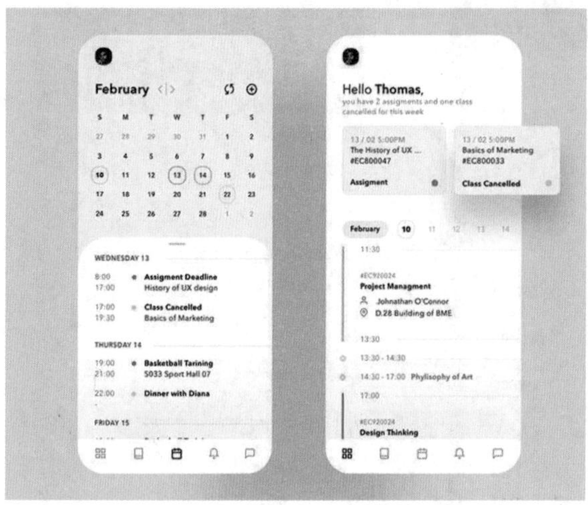

图 2-29　字体一致性效果示例

其实，只要遵循字体的一致性原则，就能在很多方面避免这个问题的发生。

字体的一致性，就是在 UI 设计中尽量不要使用超过三种字体。目前 iOS 和安卓的标准字体中，有多种字体可供设计师选择。

如图 2-29 所示，设计师可以利用同一字体的不同字重，来完成字体排版的设计。

UI 设计师在选用字体的时候，务必保证字体的版权没有问题，滥用字体是 UI 设计的大忌。

2.4.4　图标控件一致性

图标和控件是界面的基本组成部分，也是用户直观地分辨产品的视觉元素，保证图标控件的一致性，是一个 UI 设计师基本的技能体现。

1. 图标一致性

如图 2-30 所示，保证功能相同的图标元素的一致性，如粗细、圆角、风格，并保证视觉大小的一致性。

图 2-30　图标元素的一致性效果示例

2. 控件一致性

如图 2-31 所示，保证正常样式、选中样式（单选、复选）、按钮样式的一致性。如图 2-32 所示，在不同的情况下复用相同的设计元素，比如同一个通知元件，在不同的情况中使用颜色来进行区分。

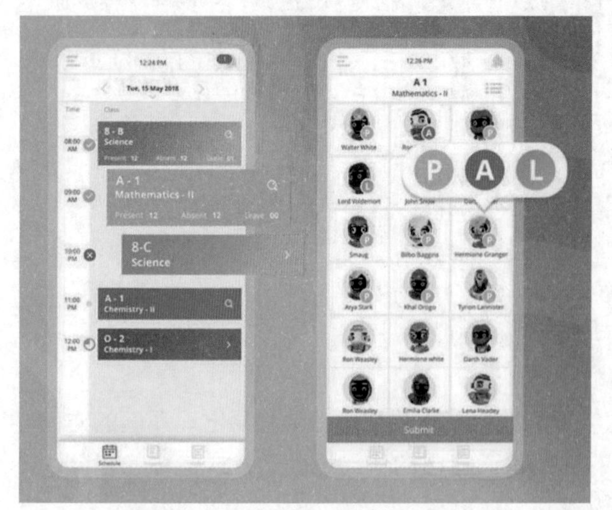

图 2-31　控件一致性效果示例

图 2-32　通过颜色区分的控件一致性效果示例

2.4.5　交互操作一致性

交互模式、反馈机制要符合用户的心理预期，常用功能要与用户普遍认知相匹配，这样用户在使用产品的过程中才会变得更顺利。如果让用户停下来思考，这就是失败的设计。

这里要特别提一下 Windows 8 的 Metro 风格，其实 Metro 风格从交互设计的整个流程上讲，是没有任何问题的，而且如果习惯 Metro 风格操作方式的用户反而觉得更加直接、便捷和响应迅速。那么关键问题就是出在了 Windows 8 的产品设计师，其主观地认为用户必须按照既定设计的交互来操作。

反之，苹果产品的用户不会发现系统会主动干预他们的操作习惯，用户的“无感”其实就是最佳的交互设计。

图 2-33 是苹果平板电脑触屏操作的手势图。这种操作方式不仅符合用户的操作习惯，同样也能在同品牌系统中通用，减轻用户的学习成本，让用户更快地了解产品并保持产品体验的一致性。

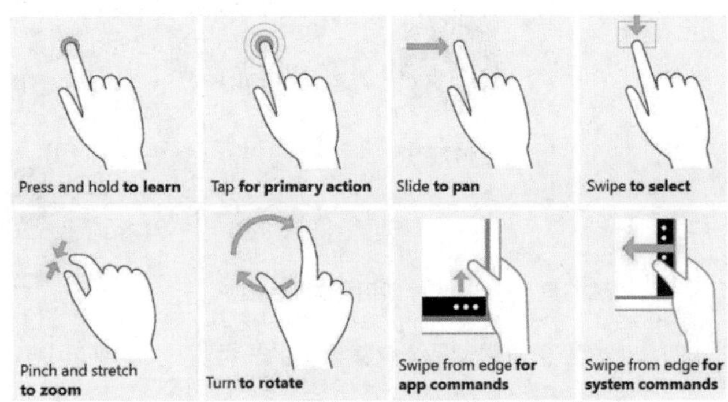

图 2-33　苹果平板电脑触屏操作的手势图

2.4.6　对比原则

对比原则，不是指两种视觉效果需要用对比的方式来进行表达，而是指页面上的不同元素之间要通过对比来达到吸引读者的效果。

如果两项不完全相同，那就应当使之不同，而且应当是截然不同的。突出重点不仅可以用来吸引眼球，还可以组织信息，厘清层级，在页面上指引读者，并且制造焦点。可以采用多种方式产生对比，如字体大小对比、字体粗细对比、冷暖色对比等。

1. 突出主次关系的对比

为了让用户能在操作上快速做出判断，可以加深颜色来突出其中一项相对更重要或者更高频的操作。

如图 2-34 所示，UI 中使用深蓝色与背景的白色产生颜色反差，突出深蓝色的按钮，代表深蓝色按钮属于关键性操作。

如图 2-35 所示，在按钮的设计上，故意将其对比度减弱，弱化其在用户视觉中的重要性，以突出支付成功的结果。突出的方法不局限于强化重点项，也可以是弱化其他项。

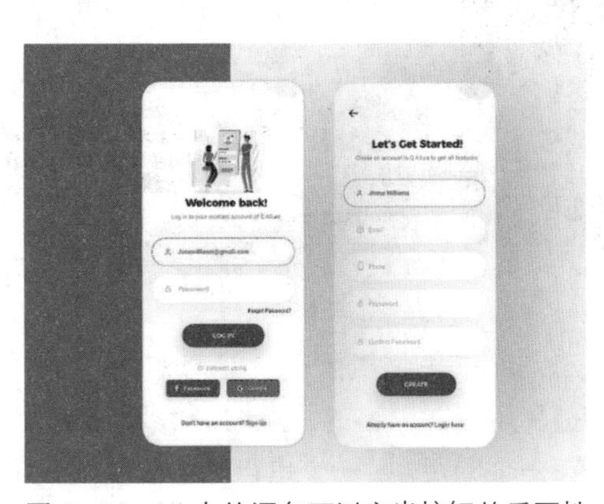

图 2-34　UI 中的深色可以突出按钮的重要性

这里需要注意的是，利用突出和弱化的方式，诱导用户进行错误的选择是UI设计师所禁止的，如图2-36所示。很多软件利用颜色的相似性和字体大小对比等，故意让用户不易察觉，并对其进行错误的选择和操作，比如有些UI在关闭按钮上直接设置跳转到新的页面、使用未读消息引导用户点击广告、缩小用户协议字体大小以误导用户同意等，这些方式在用户使用初期可能会起到一定的流量引导作用，但是很快会产生对于软件操作的方案，直接影响用户体验。

图2-35　UI中故意弱化也是强化重点项的一种方式　图2-36　绿色的图标和绿色的选取框造成了视觉上的误导

2. 总分关系的对比

如图2-37所示，通过调整排版、字体、大小等方式来突出层次感，区分总分关系，使页面更具张力和节奏感。

3. 状态关系的对比

如图2-38所示，通过改变颜色、增加辅助形状等方法来实现状态关系的对比，以使用户更好地区分信息。

图2-37　总分关系的对比效果示例

图2-38　状态关系的对比效果示例

状态对比的常见类型有“静态对比”与“动态对比”两种。静态对比更加简单和直接，动态对比能提高用户对内容的注意力。很多App为了提升整体的效果，所以故意加大了动态对比的比例，这就像在一个网页中，一个焦点图会吸引用户的注意力，而满屏的焦点图就会让用户失去视觉中心。所以适当的静态和动态对比，也是设计师需要考虑的设计内容之一。

2.5 UI 设计的风格演变

随着移动端的发展，手机不光变得越来越智能化，其界面的设计风格也发生了巨大的变化。近代 UI 主要由如下几个代表时期构成。

1. 像素风

这个时期 UI 的设计主要受限于硬件及显示设备，受屏幕的分辨率和颜色深度的限制，界面和图标的精度都比较低，主要停留在像素风格的 UI 设计上，采用的也是 GIF 格式和索引颜色。GIF 格式是最早的支持背景透明的图像格式，也是目前唯一支持动画的图像格式。同时，为了便于网络传播，采用索引颜色对图像信息进行存储，索引颜色被广泛地应用于像素风时代的 UI 设计中。

2. 拟物化

随着屏幕分辨率和颜色位数的发展，以苹果 Mac 为代表的个人计算机已经不满足于简单的像素图形表达，而是强调真实的光影、肌理和造型，但是由于其复杂的元素和大量的制作时间，加上受限于设计师的审美和设计水平，并且过多的视觉负担使成熟的拟物化 UI 变得比较困难。

3. 扁平化

微软公司发布的 Windows 8 中的 Metro 风格是最早的扁平化设计，直到苹果 iOS 7 的正式发布，扁平化风格正式成为 UI 设计的标准。扁平化的最大优势在于，在不影响用户信息传达的基础上，解决了拟物化中美术功底对 UI 设计的影响，使 UI 设计更加标准化，缩短了设计的时间，解放了设计师在细节元素上过多的注意力，让其有更多的时间回归本质，去考虑用户体验的内容。

4. 后扁平化

后扁平化中的“扁平”不同于前面的扁平化，“扁平”不是单纯的视觉扁平，而是设计师要在设计中考虑更多的行为“扁平”。像新拟物化风格等，是否能成为未来设计的方向并不可知，但是可以肯定的是，未来 UI 设计会变得越来越成熟，越来越完善，设计已经从“美观”驱动正式变为用户驱动。

2.6 UI 设计与产品的关系

UI 设计的发展和产品的发展是息息相关并且相辅相成的，UI 直接面对用户，增加用户的好感，产品为用户提供服务，增加用户的黏性。

UI 设计通常是指视觉上“界面的设计”，而产品的交互设计往往是被忽略的。一个好的交互设计对产品的成功起着很关键的作用。UI 所做的就是用户最先接触到的东西，也是一般性的用户唯一接触到的东西。用户对于界面视觉效果和软件操作方式的易用性的关心，要远远大于对底层代码的关心。如果说产品是一个人的肌肉和骨骼，那么 UI 设计就是人的外貌和品格，都是一个成功的软件产品必不可少的重要组成部分。

产品的发展已经不局限于手机和电脑，已经扩展到了多种载体、多个领域，如智能电视机、智能手表、智能家居和智能汽车等，都慢慢成为人们生活的一部分。正因为这些产品的发展，才需要更加流畅的人机交互，UI 作为其中间的视觉媒介，既要界面美观，又要功能实用，是用户与产品中间最为重要的桥梁。

如今的软件越来越多地考虑到人的因素，"以人为本"的设计理念贯穿了整个软件产品开发的始终，因此软件产品的 UI 设计过程最重要的两个部分就是行为和构造，也就是交互设计和界面设计。UI 设计并不完全是一个美术设计的过程，还有很重要的一个部分就是交互性和易用性的设计。设计师要时刻把自己放在用户的角度去考虑问题，设计出简单易用、界面友好的软件产品。以苹果的 iPhone 为例，其成功不是在于界面多美观，而是用户在使用过程中的"无感体验"，就是在使用 iPhone 时，感觉不到任何不符合用户操作习惯的设计，正是得力于其软件优越、舒适的操作体验，才使 UI 设计与产品之间的距离更近。

2.7 应用案例

本节的应用案例，将以虚拟品牌 App 作为研究对象，通过对产品的综合分析，来展现出一套完整的 UI 设计应该具备的要素。本书也会在后面的章节详细讲述 UI 设计中的具体流程和方法。

2.7.1 产品介绍

近年来，汉服文化逐渐出现在人们的生活中，越来越多的汉服爱好者涌现，但是很多人并不是真正了解汉服文化，想要去深入学习却无从下手，针对当前趋势，推出了"云裳"App，这是一款弘扬汉服文化知识的 App。

1. 受众定位

随着众多网络产品的发展，古风文化已经渐渐被用户接受，成为人们日常生活中的一部分。产品以"云想衣裳花想容"作为 App 主标语，App 名字也从此句中提取，意为古代女子好看的衣服，所以该 App 主要定位于喜欢古风文化和古风服装的用户。

2. 模块设置

产品主要分为"学堂""发现""展示""春茗"和"佳人"五大模块，让用户可以根据自己所需去选择和了解。"学堂"为用户普及汉服文化及相关知识，"发现"专为女性介绍不同汉服的穿法和寓意，并提供汉服的真假鉴定。"春茗"意为古代文人墨客汇聚在一起吟诗画画的地方，在产品中的功能则是为大家提供关于汉服文化等相关知识的问答平台。

3. 软件使用

整体 UI 设计使用了 MasterGo、Adobe Illustrator、Adobe Dreamweaver 和 Adobe Animate 等软件实现。MasterGo 负责完成原型图，Adobe Illustrator 负责完成界面的整体布局和图标的制作，

Adobe Dreamweaver 负责完成图片的处理和效果的展示，Adobe Animate 负责完成展示的动效。

2.7.2　规范选用

本虚拟应用案例，采用 iOS 设计规范，并以 iPhone X 为主要应用对象和展示效果。

2.7.3　字体选用

由于采用了 iOS 设计规范，所以在系统字体上，中文采用苹方字体，英文采用 San Francisco 字体。如图 2-39 所示，根据 App 的品牌宣传语和整体的风格定位，为 App 设计了美工字体，并将其作为整体视觉设计中的元素。

云想衣裳花想容

云想衣裳花想容

图 2-39　“云裳”App 中美工标准字体的设计

2.7.4　配色设计

“云裳”App 的配色方案全部采用了传统中国色，贴合 App 本身弘扬传统文化的定位。如图 2-40 所示，主色调选用枣红色，枣红色代表着正统、热烈、激情、权威，相比正红色明度、亮度要低些，可避免用户用眼过度而疲劳。辅色为荷叶绿和晏蓝，与枣红色的碰撞，使界面更加明快，传统设计中又不失现代感。

图 2-40　“云裳”App 配色设计

2.7.5　标志设计

“云裳”App 标志设计以古代的“上衣下裳制”为设计元素。如图 2-41 所示，上半部分为衣，采用了交领式，衣服上祥云的刺绣及下半部分的“裳”字，两者相结合刚好形成了“云裳”。色调则采用了低调典雅的锦葵红，给人以舒适的第一印象。

图 2-41　“云裳”App 标志及应用图标设计

2.7.6 图标设计

如图 2-42 所示，“云裳”App 图标分为主界面底部常驻图标和分类模块图标。底部常驻图标使用简单的扁平化表达，图形绘制简单明了，降低了学习成本，且使图标具有平衡性及明确的引导性。分类模块图标则模拟出对应标题的相关形状，使功能性图标更加直观形象，同等比例的协调，保证了视觉上的统一，淡雅的配色使图标看起来更加美观。

图 2-42 “云裳”App 应用图标设计

2.7.7 页面高保真原型图

原型图使用 MasterGo 原型工具进行制作，如图 2-43 所示。原型图界面已拟定好了交互逻辑，确定了字体大小、字段优先级和卡片之间的距离。

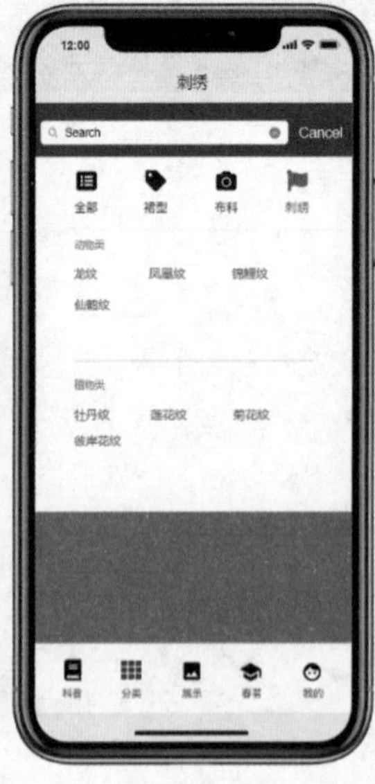

图 2-43 “云裳”App 页面高保真原型图

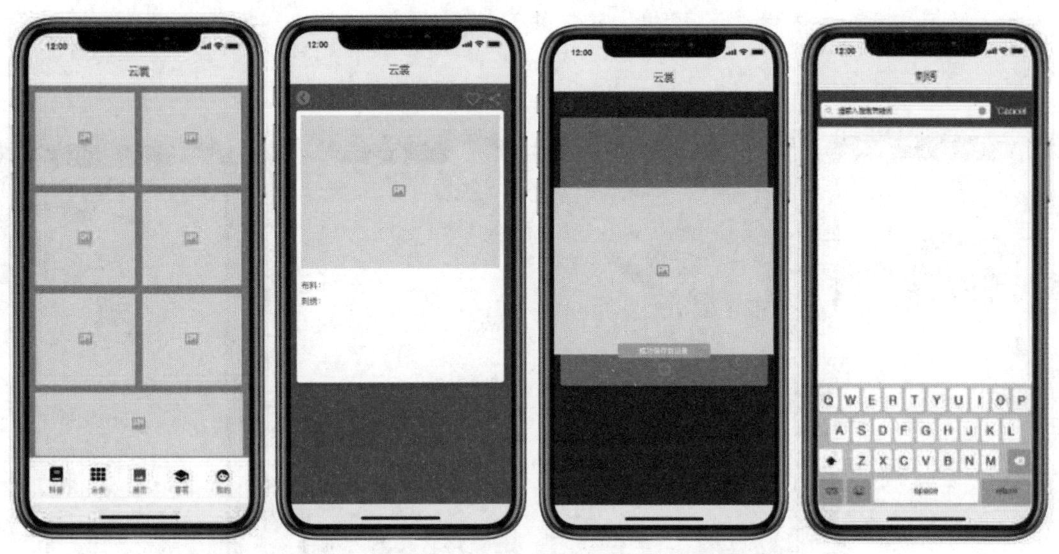

图 2-43　“云裳”App 页面高保真原型图（续）

2.7.8　页面效果图

如图 2-44 所示，“云裳”App 引导页以身穿汉服的古代女子插图为主，水墨画作为背景点缀，突出古韵感觉，不会显得单调，总体色彩淡雅，向主色调靠拢，在视觉上不会形成太强烈的落差感。

图 2-44　“云裳”App 引导页效果图

如图 2-45 所示，发现页面图标选择以古时物品作为描绘素材，每个图标都有所代表的含义。

模块被选中时下方会出现主色调下画线，简约明了，强调色调。整个界面版式一致，间距一致，整齐简洁。

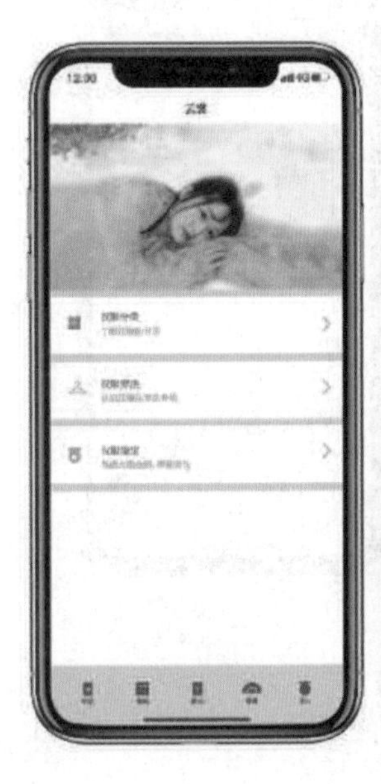

图 2-45　“云裳”App 发现页面效果图

如图 2-46 所示，学堂页面设有科普文章，分为推荐和关注两部分。用户可根据自己的喜好关注其他用户，点赞、收藏并评论。文章内容文案排版一致，用户在浏览阅读时可分清主次，方便易懂。

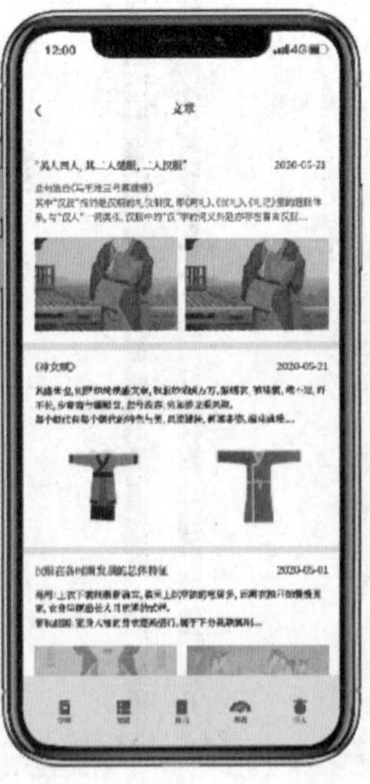

图 2-46　“云裳”App 学堂页面效果图

如图 2-47 所示，分类页面图文并茂，用户可更加深入地详细了解汉服的裙型、布料和刺绣，可根据自己的喜好需求进行收藏并分享给他人，无须费时费力再次寻找。

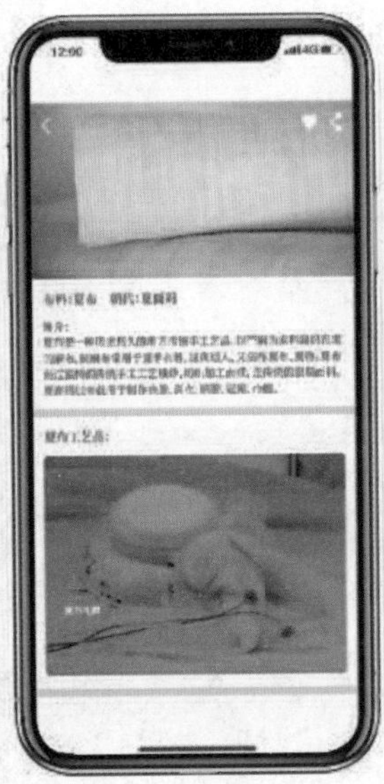
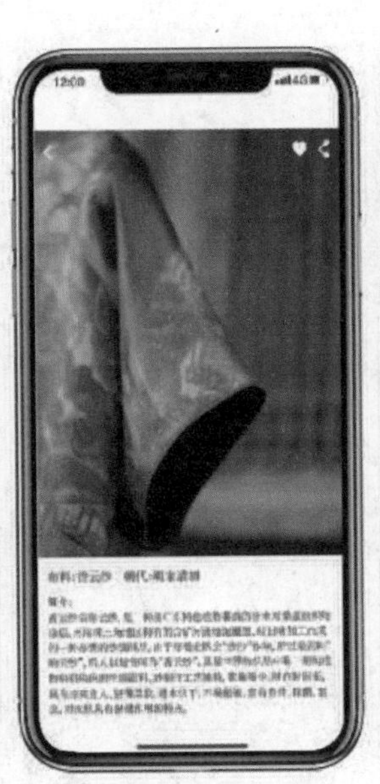

图 2-47　“云裳”App 分类页面效果图

如图 2-48 所示，春茗问答页面为用户提供了一个互动交流平台，回到顶部功能方便用户浏览，无须费时费力手动滑回顶部页面，也会为用户推荐最新最热的问答，提高用户的兴趣。

图 2-48　“云裳”App 春茗问答页面效果图

“云裳”App 效果图在原型图基础上优化了功能界面，圆角的卡片排版，使用户体验起来更舒适，增强了界面友好性；界面采用瀑布流式，用户可以畅快浏览，不受阻碍；整个界面简洁明了，用户可一目了然，快速熟悉。

第 3 章　UI 设计中图标的应用与实践案例

本章概述：

本章主要讲述图标设计的原理，通过对图标的分类，总结常见图标的风格，并提供完整的设计思路和流程。

教学目标：

通过对本章的学习，让读者掌握常见图标的表现技法和设计方法。

本章要点：

掌握视觉符号的图形化创意方法。

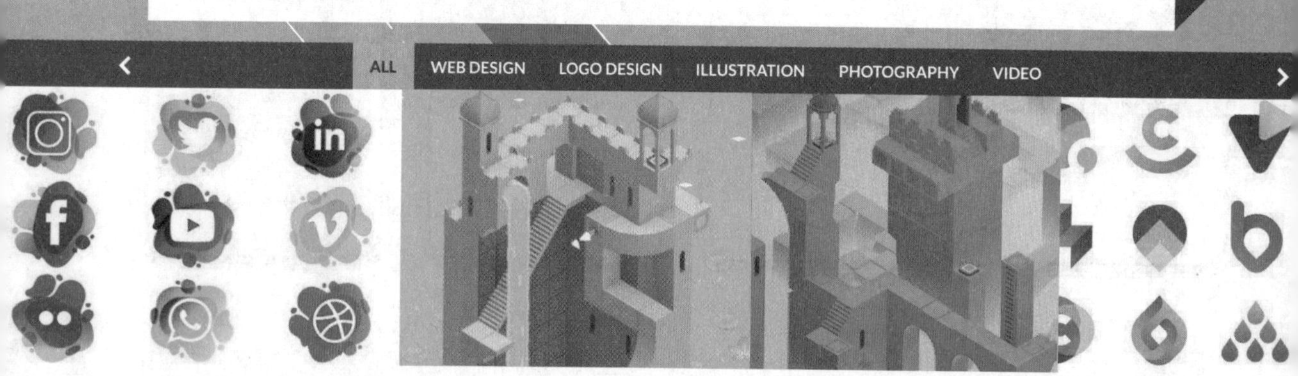

在 UI 设计中，图标的重要性无须多言，一个 App 上手的难易程度很大程度上是由图标设计的准确与否决定的，所以图标所表达出的内容必须要准确清晰，图标设计在很大程度上是一种隐喻，其代表的含义可能是一种功能或是一个步骤，想要准确地表达出这个图标所代表的含义，图标的形状、构思、颜色与质感等都起到了无可替代的作用。

3.1　UI 设计中图标的分类

图标以图形的形式将设计者的设计理念传达给用户，其本身就兼顾着功能与形式这两方面的作用。为了能够更好地指导用户使用 App，同时也为了更好地体现 UI 设计的视觉特性，就出现了功能性图标与装饰性图标这两种不同方向的图标类型。

3.1.1　功能性图标

功能性图标指在 UI 中具有实际功能，可供用户点击，并可以起到一定引导性的图标设计。

功能性图标起到的作用是辅助文字来指导用户的行为，在设计功能性图标时，最基本的要求就是要比文字所传达出的含义更加直观、易懂与易记，而且逻辑一定要符合用户的传统认知与使用习惯，满足了这些要求，就能够有效地提高 App 的适用性，也可以很有效地提升用户亲切度。如图 3-1 所示，例如现在大部分 App 的 UI 设计，对于用户（“我的”“我”和“个人”等）模块的图标设计就是一个“小人”图标，只要出现这个图标，用户就能明白其所表达的含义和功能作用。

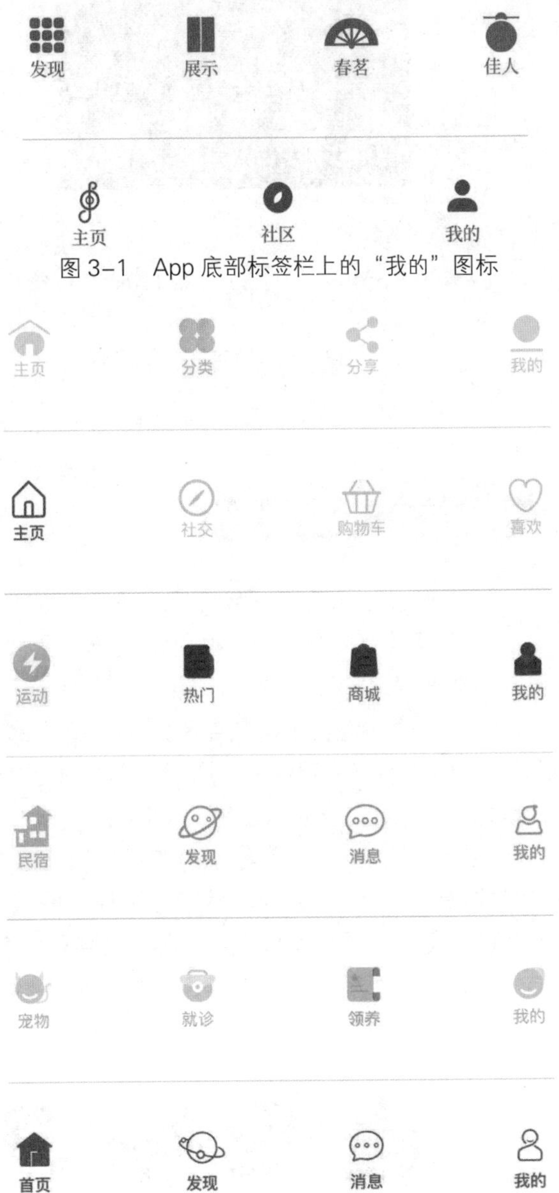

图 3-1　App 底部标签栏上的“我的”图标

图 3-3　不同类型 App 标签栏的图标样式

在满足了图标基本的功能性外，设计师在设计时也需要考虑到界面和 App 整体的视觉效果，可以通过调整图标的设计风格来实现界面的统一性，这样能够有效地提升用户在使用 App 时的操作感受。

功能性图标一般在界面中应用于标签栏、导航栏与金刚区之中。这三个区域是 App 中最为常见的设置，其中的图标设计很大程度上能够决定 App 的整体视觉感受。

1. 标签栏

标签栏是移动应用中最普遍、最常用的导航模式，其起到的作用就是满足应用中信息的跳转、页面的切换和界面的导航等。如图 3-2 所示，受到用户持握方式的影响，这一栏一般都放在界面的底部，并且图标一般有 3～5 个。如图 3-3 所示，根据 App 类型的不同，其标签栏图标的风格也各不相同，会随着 App 的风格而转变。

2. 导航栏

导航栏在本质上与标签栏并无太大区别，其作用也是满足应用中不同功能、信息与界面间的切换与跳转，两者间最大的区别就是在 App 中所处的位置不同，标签栏处于底部，而导航栏则处于顶部，因为导航栏的目的是给用户提供索引与帮助，所以其在表现形式上与标签栏也有很大的不同，此区域中图标的数量与形式相较于标签栏也会更加灵活多变，如图 3-4 所示。

图 3-2　App 底部的标签栏

3. 金刚区

金刚区往往被设置在一个 App 中最为显眼的区域，一般位于 App 的首图 Banner 下方，属于页面的核心功能区，主要以宫格的形式排列展现图标，此区域内会放置整个界面中的重要图标，其作用是满足应用中的业务导流和功能选择，目的是为用户提供类似于商品目录、大纲的导航功能，如图 3-5 所示。

图 3-4　App 顶部导航栏的图标设置

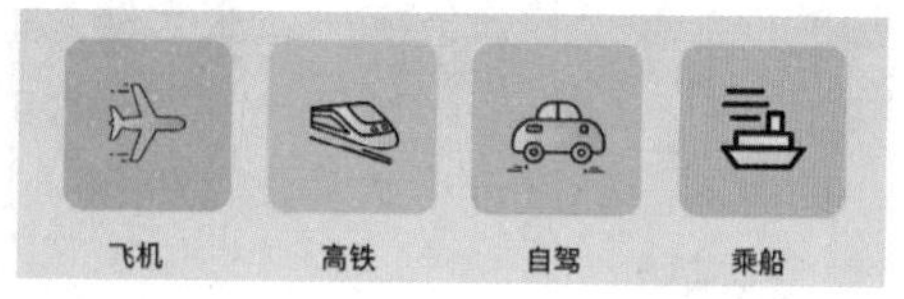

图 3-5　App 中金刚栏的图标设置

3.1.2　装饰性图标

相比于功能性图标，装饰性图标主要的作用就是提升 App 整体的视觉效果。各式各样新的 App 的出现对用户的认知来说无疑是一种负担，特别是一些功能较为繁杂的 App，复杂的图标使用户不能准确理解其含义。

设计师必须通过丰富的要素来增强用户的视觉体验，用视觉元素来丰富屏幕内信息的数量，以此提升 UI 的整体观赏性。所以，装饰性图标主要的作用，就是提升界面整体美感与视觉体验，其本身并不一定需要具备足够的功能性。

装饰性图标会用个性与创意的视觉语言去主动迎合 App 受众人群的喜好，所以装饰性图标的主观性极强，且一个系列的装饰性图标往往只能服务于一个特定的 App，这种极具风格与个性的图标可以有效地提升界面的整体可靠性与用户友好度，并且能提高产品的识别度。

例如在各类电子游戏的界面之中，就会大量采用这种个性化的装饰性图标，一是为了贴合游戏的风格，二是为了迎合用户的喜好，如图 3-6 所示。

图 3-6　游戏 App 中的装饰性图标

3.2 UI 设计中图标的风格

App 会有不同的设计调性，为了更好地与 App 的基调吻合，在设计图标时也必须要考虑图标的设计风格是否和 App 的功能与定位相互协调。从图标的风格来区分的话，可将现有的 App 图标大致分为拟物化图标、线性图标、面性图标、轻质感图标、2.5D 图标和插画风图标这几大类。

3.2.1 拟物化图标

拟物化图标是智能移动设备普及以来最先出现的图标风格，最早的 iOS 系统就开始大量地使用这种风格的图标。如图 3-7 所示，拟物化图标最大的优点就是能把现实生活中的物件直观、准确、细致地表现出来，所呈现出的效果真实且辨识度高。

这种风格的图标会把事物的光影、质感与细节仔细地绘制出来。这是由于在智能移动设备普及之初，用户对 App 中的操作还较为陌生，为了使人们加速接受这种新鲜事物，并能够更好地增强 App 图标的认知度，设计师就采用了大量的拟物化图标来实现加速用户理解和操作的目的。

但是随着智能设备的高速发展，人们已经熟悉并了解各类 App 的操作流程，并且 UI 设计师在设计 UI 的时候也优先考虑用户的操作习惯，所以拟物化图标的弊端也逐渐显现。图标的根本功能是传递信息，用户更加关注的也是信息本身，用户需要通过符号化的图标来传达信息。繁杂的元素与绚丽的装饰在使用初期或许能给用户带来新鲜感，但随着使用频率的逐渐加大和对产品 UI 的逐渐熟悉，曾经的优势都会逐渐转变为用户获取信息时的一种视觉负担。

从 2013 年 iOS 的扁平化风潮以后，拟物化的图标设计就受到了很大冲击，尤其是扁平化的图标，一定程度上降低了 UI 设计师的设计门槛。在 2020 年的 UI 设计界，诞生了一个新的名词“新拟物化”，这种完全不同的设计风格也成为介于拟物化和轻质化图标之间的一种尝试。如图 3-8 所示，新拟物化图标在扁平化图标的基础上增加了光影和质感，提升了一定的视觉效果，但是也牺牲了一定的识别性。

图 3-7　拟物化图标

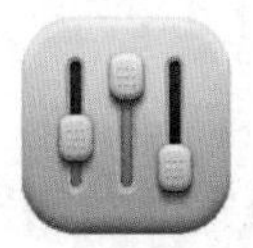

图 3-8　新拟物化图标

3.2.2 线性图标

线性图标是目前 UI 设计中较为常见的一种图标形式，虽然线性图标在视觉效果上给人感觉极其简洁，绘制起来似乎也没什么难度，但线性图标也是在不断发展的，其设计的样式是多种多样的，下面来列举几种常见的表现形式。

1. 传统线性图标

这是使用较多的一种图标类型，大多数 App 的标签栏都采用这种形式，在 UI 设计中这种图标形式随处可见，如图 3-9 所示。

图 3-9　传统线性图标

2. 粗线图标

较适用于年轻化用户人群，此类型图标的转折相对缓和，在视觉效果上有一种可爱、无害的感觉，根据界面的需要，可采用不同粗细的线，如图 3-10 所示。

图 3-10　粗线图标

3. 直角图标

线条转折干脆简洁、棱角分明，给人一种比较硬朗、冷峻的感觉，较为适合工具类、时尚类的 App，如图 3-11 所示。

图 3-11　直角图标

4. 断点图标

这种图标会在形状拼接处进行断点处理，这样的处理方式使这类图标相比传统的封闭式图标增加了一些可以品味的细节，同时能够使图标本身更具有通透性，给用户带来一种灵活的感觉，如图 3-12 所示。

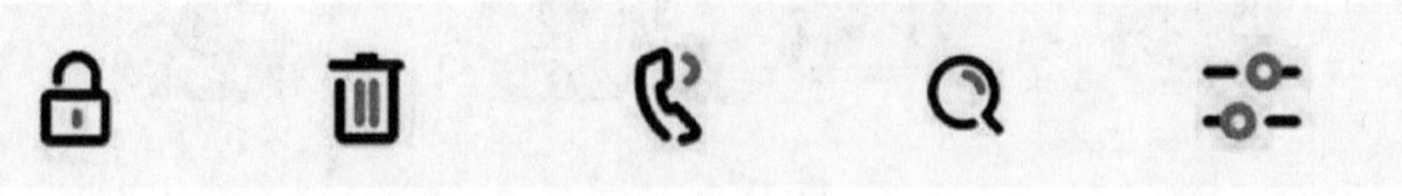

图 3-12　断点图标

5. 高光图标

利用点线组合的方式来模拟高光的效果，丰富了图标的细节，使原本较为单调的图标多了一丝生气，如图 3-13 所示。

图 3-13　高光图标

6. 中国风图标

利用中国图形元素而组成的图标，非常具有中国传统文化的气质，较为小众，但符合一些中国风 App 的产品调性，如图 3-14 所示。

   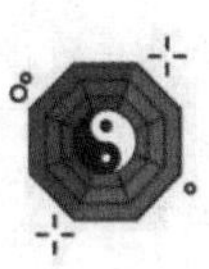 

图 3-14　中国风图标

7. 一笔速写图标

专门从事图形和图标设计的设计机构 Differantly Studio 研究开发了这一类型的线性图标，其创作者以一笔速写的手法绘制图标，一笔成型，简洁概括事物最鲜明的特征，颇具创新性和趣味性，如图 3-15 所示。

图 3-15　一笔速写图标

8. 双色图标

利用辅色来丰富图标，使整体的形式感增强，其中辅色面积占比 20% 即可，只是用作点缀，不可太多，如图 3-16 所示。

图 3-16　双色图标

9. 多色图标

有时为了追求个性化的图标，可以突破传统增添多种颜色，但是多色图标最好不要超过三种颜色，以免混淆用户的识别，造成画蛇添足的感觉，如图 3-17 所示。

图 3-17　多色图标

10. 插画图标

这种图标就线性图标而言相对较复杂，当内容很少时，可以考虑此方法，正常情况下不建议使用这类复杂的线性插画图标，可根据具体情况进行选择使用，如图 3-18 所示。

图 3-18　插画图标

3.2.3　面性图标

面性图标在 App 界面中也极为常见，相较于线性图标，这种风格的图标具有更强的视觉冲击力与更好的视觉表现力，所以这种形式的图标具有更为广泛的应用性，适用于各种类型的 App。和线性图标的设计方式不同，面性图标是通过面的塑造来构成形体的，而其体积感的塑造则是通过分型来实现的，不同的切割方式能塑造出不同的设计质感。至于面性图标的分类，则是通过颜色来区分的，可以将其简单地分为单色饱和度填充图标、纯色渐变图标与多色渐变图标这三大类，如图 3-19 所示。

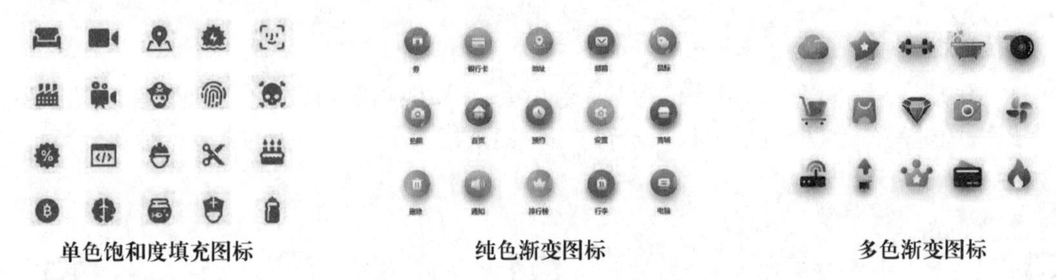

图 3-19　不同配色样式的面性图标

面性图标主要就是以正负形这两种形式出现。正形就是在“黑白”关系、“图地”关系中以“黑”“图”的形式出现的图标，就是对图形本身进行颜色填充的图标，现在常见的正形图标有单色、渐变色、多色、透视等多种填充的形式。

再者就是以“白”“地”的形式出现的负形图标，也就是通常意义上的反白图标，这种类型的面性图标会带有一个背景板，这种图标的颜色与造型的变化就由这个背景板所决定，如图 3-20 所示。

图 3-20　正负形面性图标

面性图标相较于线性图标传达信息的能力相对更强，设计时的延伸度也更强，其对颜色的限制也不像线性图标那么多，所以现今 App 中面性图标运用得更多。

3.2.4 轻质感图标

扁平化风格发展到现在，已经成为 UI 设计中图标设计的一种主流风格，此风格确实在传达信息上发挥了重要的作用，因此在形式感与功能性上都获得了一定的拥趸。但是随着 UI 设计的发展，固有的设计会逐渐造成审美疲劳，满屏的扁平化设计也确实会使当下的图标设计略显单调，因此图标开始逐渐往微扁平、轻拟物的方向发展，这类图标在保留了扁平化图标主要特征的同时，适当地加入了一些拟物化图标的元素，使之相较于拟物化风格不会有太过复杂的视觉元素，而相较于扁平化风格又增添了丰富的情感内容，如图 3–21 所示。

正因为这些特征，轻质感图标逐渐在 UI 设计中有了一定的市场，发展到现在，除了一些较小面积的区域仍然会使用扁平化图标或线性图标，但在大面积的区域还是会更加倾向于使用渐变的轻质感图标。

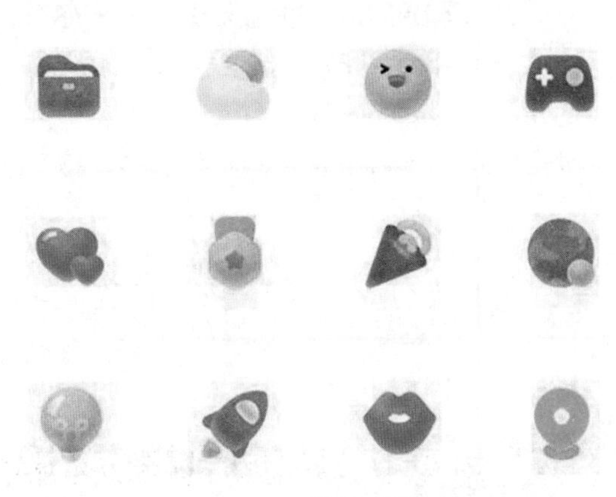

图 3–21 轻质感图标

3.2.5 2.5D 图标

2.5D 图标，又称之为轴测图标，是利用轴测图原理绘制的，由于其基于二维绘图方法来模拟三维图标效果，并不是真正意义上的 3D，所以将其称之为 2.5D，2.5D 效果在近几年的 UI 设计中应用得比较广泛，也深受用户喜爱，如图 3–22 所示。

如图 3–23 所示，游戏“纪念碑谷”就是 2.5D 游戏 UI 风格的代表作，使用 2.5D 风格制作出的有趣的空间错位感交织出了清新唯美的迷宫世界。

图 3–22 2.5D 图标

图 3–23 “纪念碑谷”游戏画面

3.2.6 插画风图标

插画风格图标是图标设计中的特殊形式，其主要侧重点在于插画，一般情况下利用矢量插画形式来表现图标的内容和质感，再辅助以图标规范中的图标外形。插画风格的优势在于，在保证效果扁平化的基础上，更加生动地表达图标的意义。缺点在于需要一定的美术功底，并耗费较长的设计制作时间，如图 3-24 所示。

图 3-24　插画风图标

3.3　UI 设计中图标设计原理

所有优秀的图标设计都有一套标准科学的设计规范加以指导，如果对这套规范没有准确而清晰的认识，就很难做出一套成熟的好图标。

3.3.1　图标设计的基本知识

在开始设计图标之前，必须首先了解图标设计的几个基本知识点，这也是很多 UI 设计师一开始特别容易忽视的问题。

1. 视域和触域

在 UI 设计中，因为需要给用户的操作留有足够的接触面积，并防止误触等情况的发生，所有功能性图标都需要按照既定的视域和触域面积来进行设计。

视域指视线可以感受到的最大面积，触域指手指操作可以触碰的最大范围，触域要大于视域，触域与触域之间不可以重叠。

2. 几何图形的视觉差

由于人眼的“错视”现象会造成几何图形的视觉差，对于图标设计来说，这是一个不可忽视的细节，在之前的风格一致性原则中已经提到过这个内容。对于“错视”现象的分析对如何使图标看上去大小一致起到了重要的作用。从人眼的视觉感受出发，同高等宽的方形、圆形与三角形在视觉效果上大小是不同的，其中方形会显得最大，圆形、三角形次之，如图 3-25 所示。为了使这三种几何形在视觉效果上大小一致，就需要对其实际尺寸做出调整，以方形的大小为标准，方形大小不变，圆形、三角形适当放大尺寸，如图 3-26 所示。

图 3–25　实际大小相同的方形、圆形与三角形

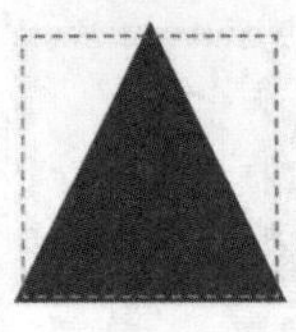

图 3–26　视觉效果大小相同的方形、圆形与三角形

通过适当地调整就可以使这三种几何形体在视觉感受上达到一致，造成这种“错视”现象的原因是由图形的“图地”关系造成的。“图”的面积越大，给人在视觉上的感受就越大，这是一个极为基础的视觉规律。所以在设计图标时，就要有意地去调整这种视觉效果上的差异。除了外形大小上的平衡外，也要考虑到内部空间的平衡，比如在“播放”按钮中，其内部三角形的位置并未与外围的圆形居中对齐，这是因为三角形的图形重心是偏向于面积较大的那一部分的，为了能够使此图标整体重心平衡，就需要将此三角形的图形重心往面积较小的部分偏移，如图 3–27 所示。

图 3–27　图像重心平衡的调整

所以在整套的图标设计中，如果注重对图像视觉效果的调整，只是单纯地以一个方形为基础，而把所有图形的尺寸都与该方形对齐，那么最终所呈现出的效果一定是极度不平衡的。

3. 图标的栅格

栅格就是网格，在制定图标的设计规范时，参考线的应用是不可或缺的，以参考线为基础展开的设计就是所谓的栅格模板。图标栅格化的规范基础依旧是从上文反复提到的“错视”现象中衍生出来的。在常见的图标栅格中，会分别绘制出正方形、长方形与圆形这三种视觉尺寸接近的图形，然后以这三种图形的尺寸为参照物设计出对应的图形，这样在设计初期就能有效地把控设计图标的尺寸大小。虽然在设计图标时会有各种各样的外形，不可能只拘泥于这几种基本参照物的外形之中，但是通过这几个参照物就可以大致判断设计图标的尺寸是否合乎视觉效果一致的要求，如图 3–28 所示。

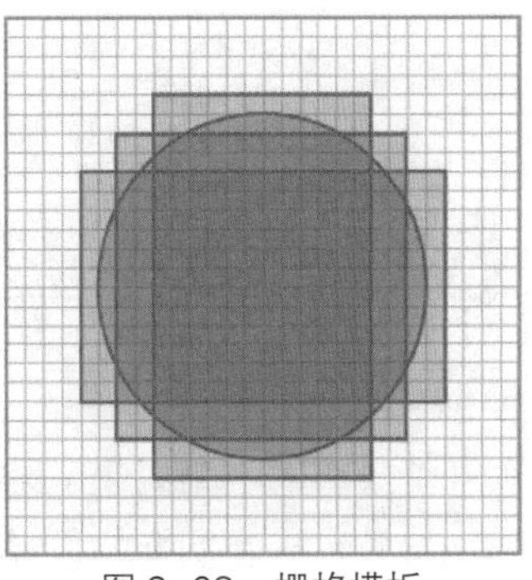

图 3–28　栅格模板

那些设计的图标如果和参考物的外形类似的话，就一定不能使设计图标超过参照物的尺寸，有些图标在宽度上可能会超过参照物，那么这个图标的高度就必须要小于参照物的高度，反之亦然，这是出于“错视”现象而做出的调整。同样的，当图标的重心发生偏移时，就需要将其往重心偏移的反方向调整，这是出于图标重心平衡性做出的调整，如图 3–29 所示。

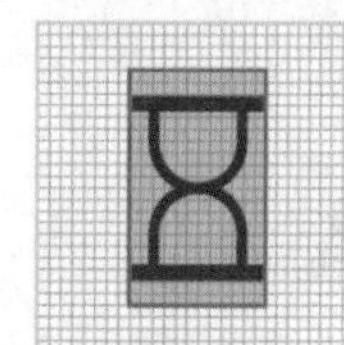

图 3–29　在栅格模板中的图标调整

图 3–30　原有像素周围的过渡像素

像素是图像在屏幕显示中的最小单位。随着 UI 设计的发展，图像的像素密度已经得到了大大的降低，但是由于每种像素只能显示一种颜色，在屏幕显示的过程中还是难免会出现锯齿感。为了使图标更加平滑顺畅，在当下的显示器中将图标放大，就可以发现在原有像素的周围会添加一些饱和度较低的其他颜色的像素来进行过渡，如图 3–30 所示。

通过像素对齐这种方式，能够最大限度地显示那些非完整的色块，大大地加深图像的精准度。在图标设计中，由于图标的尺寸相对较小，但是其对细节与准确度的要求却相对较高，如果在设计时能尽可能地满足像素对齐的要求，那么就能够最大限度地满足图标对边缘精确度的要求，同时这也从另一方面要求设计师在设计图标时要采用偶数尺寸，如图 3–31 所示。

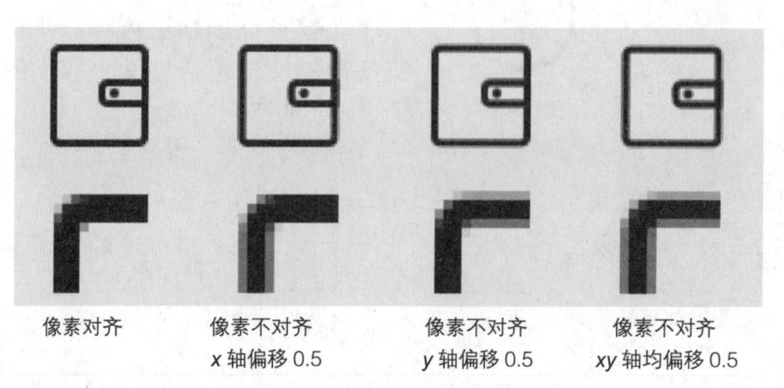

图 3–31　像素对齐对图标边缘精确度的影响

3.3.2　图标的设计规范

在图标设计的过程中，需要注意以下 4 个设计要点，即表意清晰、风格统一、有延展性与高清晰度。切记不能把单个图标与整体分割开，要把每个图标放置在整个界面的使用场景中去考虑，要结合整体来看图标的设计是否合乎要求。

1. 表意清晰

表意清晰是设计图标时的第一原则，因为图标的根本功能是传递信息，所以在设计图标时一定要准确、清晰地将信息传递给用户，要使用户能够明确地理解每个按键的具体功能，了解每项功能的具体流程，若不能做到这些，那么再好看的装饰对于界面来说都是多余的存在。用户对于界面已经形成了相对稳定的使用习惯与认知习惯，若是随意地破坏这种习惯，只会使图标的含义表达变得模糊不清。

图标的作用就是文字的替代品，是信息以图形化传递的方式。在进行图标设计之前，就要明确每个图标的含义。如图 3-32 所示，当用户看到一个锁的图标的时候，就下意识地明白那是锁定或密码的意思；如图 3-33 所示，当用户看到一个放大镜的时候，就下意识地将其理解成搜索的含义。用户对于界面已经形成了相对稳定的使用习惯与认知习惯，若是随意破坏这种习惯，只会使图标的含义表达变得模糊不清。

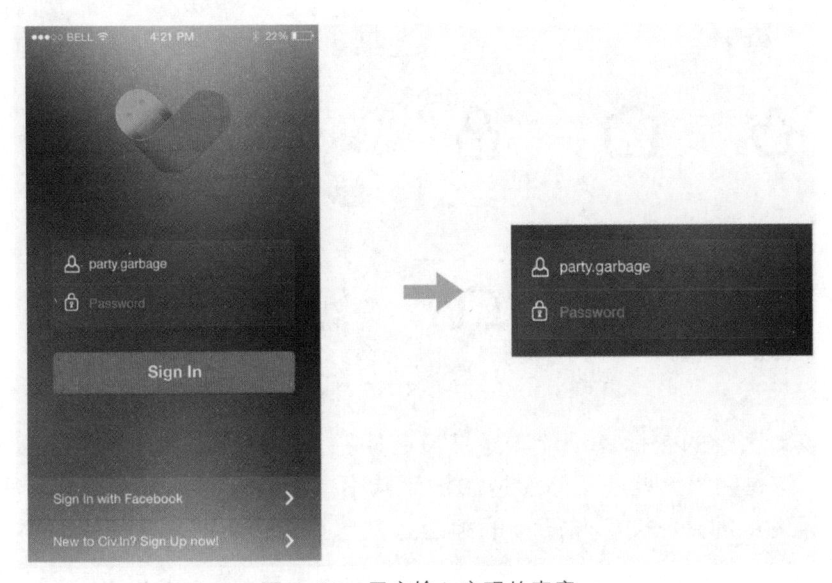

图 3-32　用户输入密码的表意

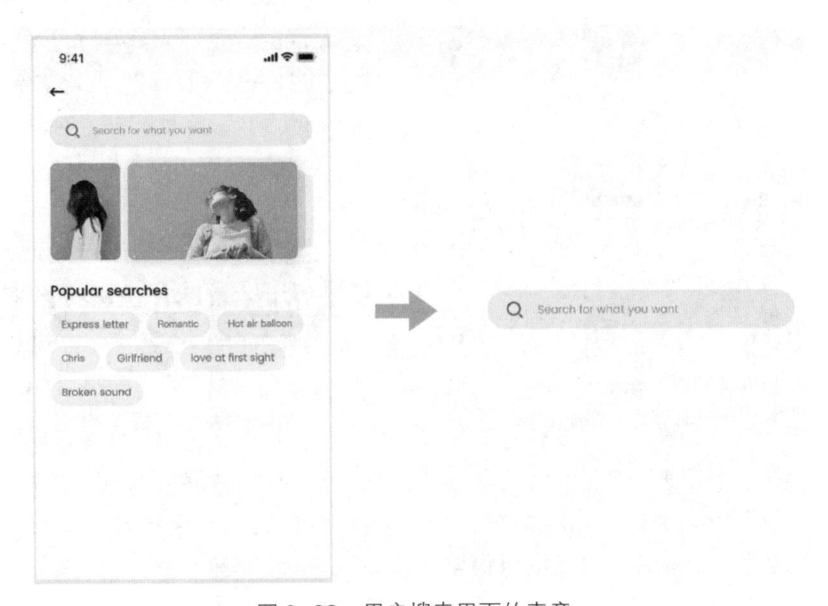

图 3-33　用户搜索界面的表意

将所代表的含义清晰地传达出来是图标设计最基本的要求，如果不能做到这点，那就会使信息被错误传递，使用户被误导。如图 3-34 所示，在日常生活中大部分的图标还是很容易就能被用户所理解的，特别是那些常见的图标，如通知、设置、用户、分享等，这些图标所表达的含义对于任何年龄段的用户来说都没有认知和选择上的压力，都是极易理解的。大部分的图标在现实世界中都有一定的可以释义的图形与之相对应，但是有些非常规的含义可能会需要几种不同释义图形的组合，如图 3-35 所示。如果没有一定的提示，仅凭借固有的经验是很难理解的。

图 3-34　表意准确的图标

图 3-35　表意比较困难的图标

这些表意较为困难的图标其设计本身并没有问题，补充文字信息之后，就能迅速地让人们理解其含义，这是因为这些图标所传达的含义并不是人们以往经验中的一部分，如图 3-36 所示。这里需要注意的是，文字与图片的组合虽然可以辅助完成对图形释义的理解，也可以增加排版的美观性，但是用文字来传递信息并不是设计的最佳方式，简单并且可以让用户印象深刻的图形化符号才是图标设计的终极目标。图 3-37 为万事达信用卡标志的简化过程，简单的两个圆完成了对品牌的识别，就是图形化释义的最好印证。

图 3-36　加上注释之后含义明朗的图标

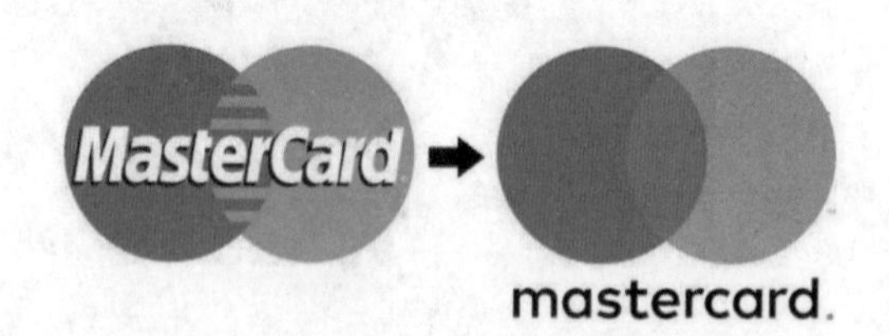

图 3-37　万事达信用卡的标志演变

从上面的内容可以知道，在面对这些非常规的含义时应该如何处理，以及设计师是如何将这些较为抽象的含义用图形和样式表现出来的。因为这些抽象的含义若想要以图标展现出来，最大难处在于这些含义没有具体的参照物加以借鉴，所以在设计这些图标时，首先要做的就是要将其传递的含义进行“实体化”，这就是设计过程中经常运用的“联想法”，比如要表现“运动”这个含义时，就可以联想到哑铃、跳绳和跑步鞋等具象的参照物，如图 3-38 所示。

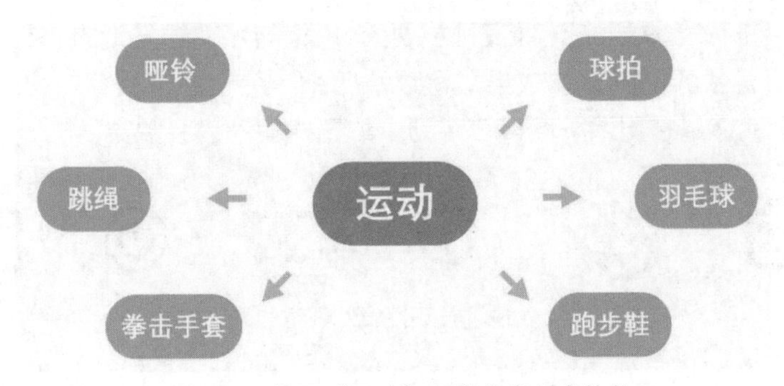

图 3-38　关于“运动”所联想出的实体物

通过联想形成关键词，就可以根据 App 的定位挑选出具体的关键词作为图标的原型开始进行绘制。如果对一些较为陌生的关键词没什么概念，就可以借鉴网上的图标素材网站，对选取的参考物进行搜索，通过他人的优秀作品来获取设计的灵感。

如图 3-39 所示，同样还是以“运动”这个含义为例，在阿里旗下的 iconfont 素材网站中搜索所联想出的“哑铃”这一关键词，就能够找到很多设计作品用于参考。

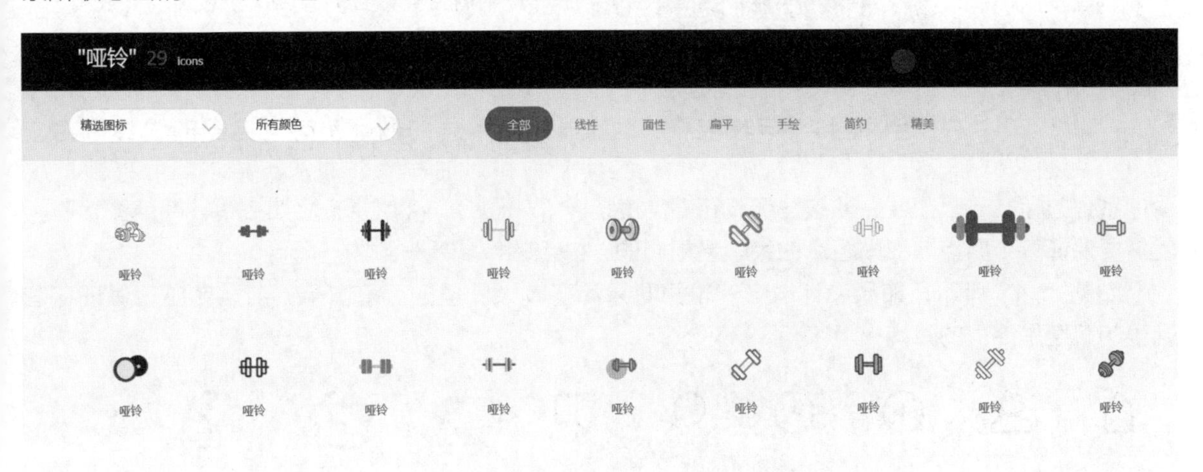

图 3-39　在 iconfont 网站通过搜索“哑铃”得出的图标结果

若设计师本身就拥有较好的手绘能力与平面基础，那就可以直接对这些参考物进行提炼加以绘制，并根据 App 的需求设计出满意的图标。针对图标表意准确性的规范要求，需要设计师不断地加强自身对含义的联想能力，同时也需要注重对不同图形的收集，这是建立在设计师平时不断积累的基础上的。

2. 风格统一

App 中的图标在 UI 中都不是以单独的个体形式出现的，所有图标的设计风格都要统一成一个完整的系列。那么就需要在设计时注意保持统一的视觉设计语言，如果都采用圆角，那么所有的图标也都统一为圆角；如果都是线性图标，那么所有的图标也都采用线性的方式去表现。设计的每一个细节，都要保证粗细、大小、样式都是一致的。

同一种功能性的图标也要保持一致，设置类图标就是设置类图标的样式，通信类图标就是通信类图标的样式，如果这方面出现混乱，那么用户在使用时也会产生困惑。

风格统一，就是指同一套图标应该保证视觉要素、风格与细节等元素的一致性，如图3-40所示。一致性规范的缺失会导致界面的整体效果显得混乱嘈杂，会使系列图标的统一性原则遭到破坏，图标所要表达的含义就容易被混淆，图标在系列中的整体美感也会缺失。

图 3-40　缺乏一致性设计规范的系列图标

不难看出，图中的图标虽处于同一个区域之中，但彼此间完全不像处于同一套设计规范下的图标，这就是图标缺乏一致性最直接的表现。

如何使图标在视觉效果上保持一致性，可以从以下几点开始入手。

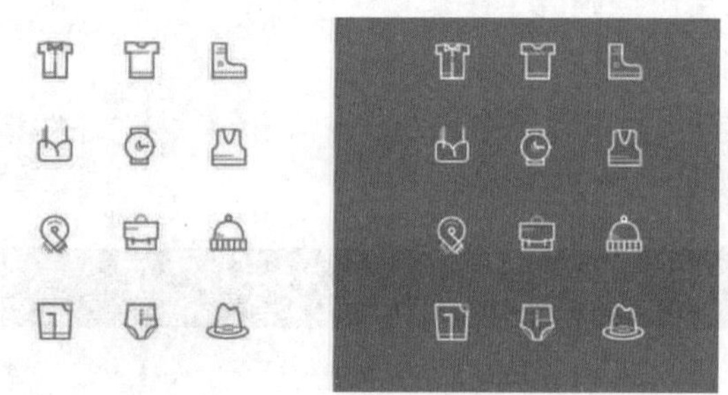

图 3-41　类型统一的图标

1) 类型一致

图标有线性、面性与填充等几种不同的类型，一个系列中的图标应当保持类型统一，如图3-41所示。如果在一开始就使用了线性图标，那么在后期的设计中就不要再添加或混合其他图标的设计类型。

2) 风格一致

每一个系列的图标都有其自身的设计风格，各种风格在对细节的处理上都有不同的表现，在设计系列图标时，必须要保证这些细节能够高度统一。如图3-42所示，比如在设计断点图标时，就需要保证每个断点缺口间距离的大小是相同的，断点的数量是一致的。

如图3-43所示，如果设计一套外轮廓时采用了较大圆角的可爱图标，那么就应该保证这些圆角的弧度是相同的。

图 3-42　在距离与数量上风格一致的图标　　图 3-43　圆角上风格一致的图标

如图3-44所示，如果是设计采用填充色偏移的风格，那就要保证填充色与偏移距离的一致，若是凭感觉随意改动就会造成该系列图标整体性的缺失。

3) 透视一致

透视关系强调立体空间的表现，当在二维平面中加入透视关系后，就能给予绘制的物体一定的立体感。在图标设计中绘画透视其实并不是很常见，应用的透视一般都为轴测透视，这种处理方式在一些风格化的图标中极为常见。

图 3-44　填充色与距离上风格一致的图标

如图 3-45 所示，一定要避免一个系列中的图标同时出现不同角度下的效果，这会在视觉上造成一种混乱的感觉。所以利用 2.5D 图标的绘制风格，保证整体图标的透视一致性。

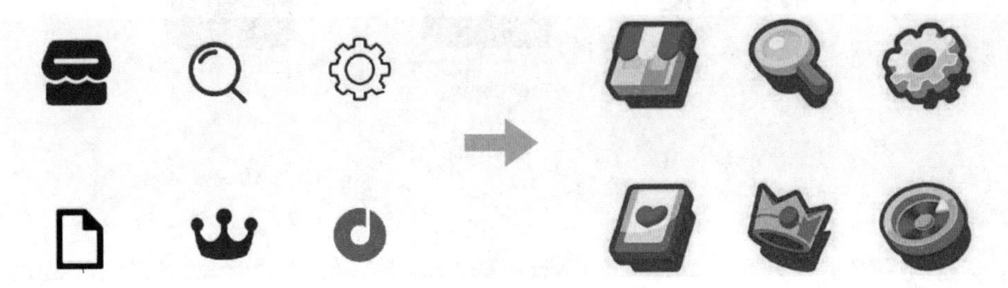

图 3-45　运用透视效果的图标

4) 粗细一致

在图标的设计过程中，需要绘制各种图形的线段或描边，特别是在一些线性图标的设计中，这些线段或描边的粗细一定要保持一致，如图 3-46 所示。而在填充图标的设计中，设计师也经常需要在一个填充的背景板中添加某个镂空的图形，那么这些镂空部分也要保证其粗细一致。如图 3-47 所示，如果不能满足这个要求，那么一个系列的图标在视觉效果中就会有不平衡的感觉。

图 3-46　描边粗细一致的线性图标

图 3-47　填充粗细一致的线性图标

5) 大小一致

人眼看待不同形状的图像大小的感觉是不一致的，这种现象称为“错视”，所以在设计图标时，设计师必须对几何形的视觉差有一定的了解。由于图标主要负责视觉上的内容，所以设计师在设计时可以根据视觉效果做出一定的变通，以此来满足视觉上的统一性，如图 3-48 所示。

图 3-48　视觉大小一致的图标

3. 要有延展性

UI 在设计初期，就要宏观地考虑产品未来的发展，尤其是图标设计的延展性。一套完整的 UI 系统往往要使用相当长一段时间，如果后期发现统一性问题，那么就要推翻之前的设计来重做，这不是成熟的 UI 设计师或者团队应该出现的。

图标的延展性，指单个或者成组图标在设计完成后，对于其迭代图标或者衍生图标是否具备参考性，是否可以保持同样的品牌形象，在优化的同时便于用户识别。

图 3-49 为 Adobe 品牌的标志和各版本的标志，其延展性体现为具备高度的统一和识别性。

图 3-49　Adobe 品牌标志

4. 要有高清晰度

因为图标应用范围的特殊性，同一个图标可能会用在不同的位置或者采用不同的尺寸。如图 3-50 所示，这时就会出现问题，也许在缩略模式下看，图标是清晰的，但当其放大到一定程度时就会出现轮廓模糊不清的情况；或者是绘制完一个较大的图标，将其缩小后就又会出现变成半个像素的情况。

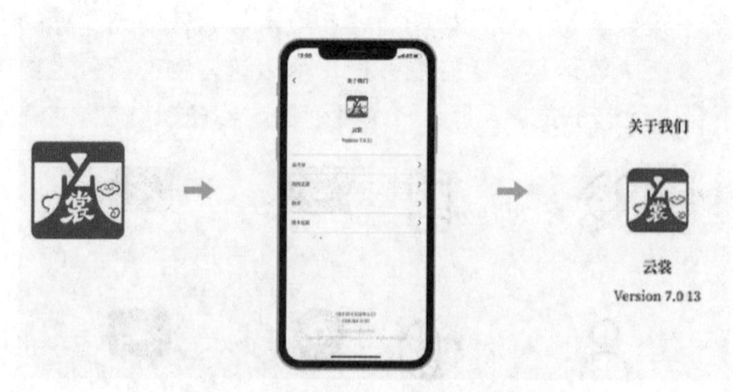

图 3-50　图标放入界面后模糊不清

为了避免这种情况，就需要设计师在开始做图标的视觉设计之前了解图标的使用环境，知晓图标未来尺寸的变化，然后再选用合适的图标表现风格，在完成图标定稿前，也要对图标的多个尺寸进行模拟测试，以保证最后界面中图标的清晰度。

3.3.3 设计方法

在充分理解图标设计规范的前提条件下，可以通过以下几种设计方式快速地制作出优秀的图标。

(1) 图形拼贴法。在设计一个图标前，设计师可以根据 App 的需求，选取几个符合产品风格的参照物并将其外形提取出来，根据这些图形的尺寸大小将其拼贴在一起，将尺寸较大的图形作为图标的主要轮廓，将一些较小的图形与之拼贴在一起，通过正负形设计的处理，用组合、叠加或填充的方式将这些图形拼贴到一起，组成一个全新的图标。如图 3-51 所示，通过这种拼贴的设计法，能够提升图标表达多种含义的能力，在视觉的表现上也更加充满创意，大大丰富了图标的设计冲击力。

(2) 局部提取法。当一个图形的尺寸过大，且将其缩减进方形中又会破坏视觉效果时，可以采用提取此图形中较有代表性的部分来进行图标设计。如图 3-52 所示，这种设计方法在保证图标能够传递信息的同时，更为图标增添了一丝意境美。

图 3-51　利用图形拼贴法制作的图标　　图 3-52　利用局部提取法制作的图标

(3) 线性勾勒法。设计师在绘制图标时，可将所要绘制图形的外轮廓先提取出来，再用线段或路径将这些轮廓连接起来，可通过控制线条的粗细、方向与连接方式来组成各类不同风格的图标。如图 3-53 所示，这样的图标往往简洁统一，具有较强的视觉吸引力。

(4) 透明渐变法。通过改变各种图形的大小、透明度与渐变的方式，将这些图形叠加在一起，组成一个层次丰富、形态饱满的图标。如图 3-54 所示，透明度的虚实转换能够为图标增添一份梦幻与神秘感，且对情感类信息的表达有更好的效果。

(5) 色块拼接法。将各种图形分割成有规律的区域并填充不同的颜色，再将这些图形按照一定的规律和形式排列起来。如图 3-55 所示，比如可以按照色轮的方向排布，或者按照图形外形的相似性排列，这样组合出的图标在传递信息时能表达出较强的逻辑性。

图 3-53　利用线性勾勒法制作的图标

图 3-54　利用透明渐变法制作的图标

(6) 图形重复法。秩序是形式美的最基本法则之一，当一个图形按照一定的规律、节奏排列或重复，就能给予用户一种易于掌控的心理暗示。如图 3-56 所示，在设计图标时，也可以将设计好的主图形按照一定的方式进行重复，通过透明度、大小与颜色的变化，创造出一种秩序之美。

图 3-55　利用色块拼接法制作的图标

图 3-56　利用图形重复发制作的图标

(7) 背景组合法。当设计师觉得设计的图标形式过于简单时，可以从图标的背景入手，通过加强图标背景形式感的方式来弥补主要图形过于简单的不足。如图 3-57 所示，这样的设计方法可以使设计的图标更加丰富。

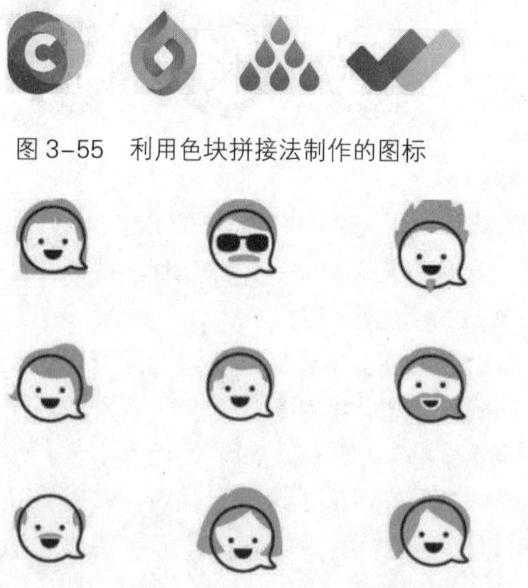

图 3-57　利用背景组合法制作的图标

3.4 实践案例

图标的设计风格比较多，而且随着设计的发展变化，也会出现更多的表现形式。本章将通过案例对常见的表现方法进行说明。

3.4.1 线性图标案例

线性图标是图标设计中较为常见的一种表现形式，主要是通过线的方式，搭配颜色等元素进行设计。线性图标的特点是简洁明了，图标所传达的功能特征，比较适合与极简风格 UI 搭配使用。

线性图标是由直曲线、点和其他元素组成的图标样式。线性图标的优势有识别度高、美观清晰、简单易见等，并不会对页面造成过多的视觉影响，如图 3-58 至图 3-67 所示。

图 3-58　线性图标案例 1

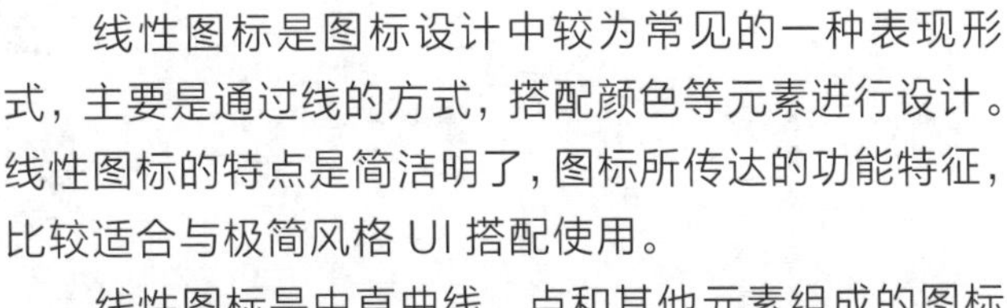

图 3-59　线性图标案例 2

图 3-60　线性图标案例 3

图 3-61　线性图标案例 4

图 3-62　线性图标案例 5

图 3-63　线性图标案例 6

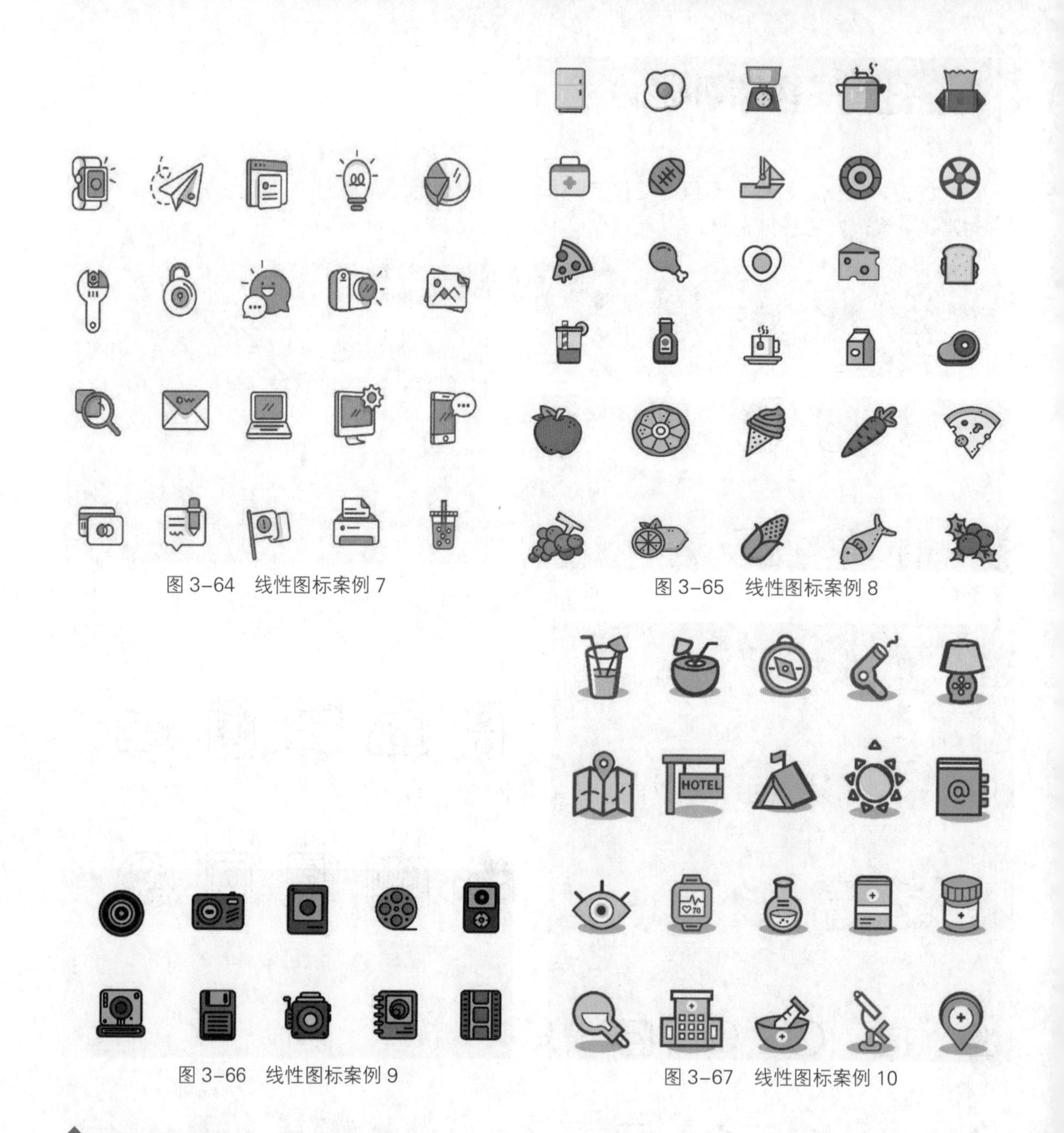

图 3-64　线性图标案例 7

图 3-65　线性图标案例 8

图 3-66　线性图标案例 9

图 3-67　线性图标案例 10

3.4.2　面性图标案例

面性图标主要通过面的方式进行，搭配颜色等元素来完成设计。用户可以通过不同的形状和颜色搭配，实现不同的效果。面性图标的特点是容易统一，适合单色风格 UI 的搭配使用。

采用鲜明的色彩搭配能够更好地为应用图标获取更多的关注，而且鲜明的色彩搭配正在成为一种潮流，越来越多的应用图标也选择使用非常鲜明的色彩搭配。其中对比色互补的色彩搭配是最具有代表性的设计手法，无论是纯色还是渐变的色彩应用都是设计的特色，如图 3-68 至图 3-74 所示。

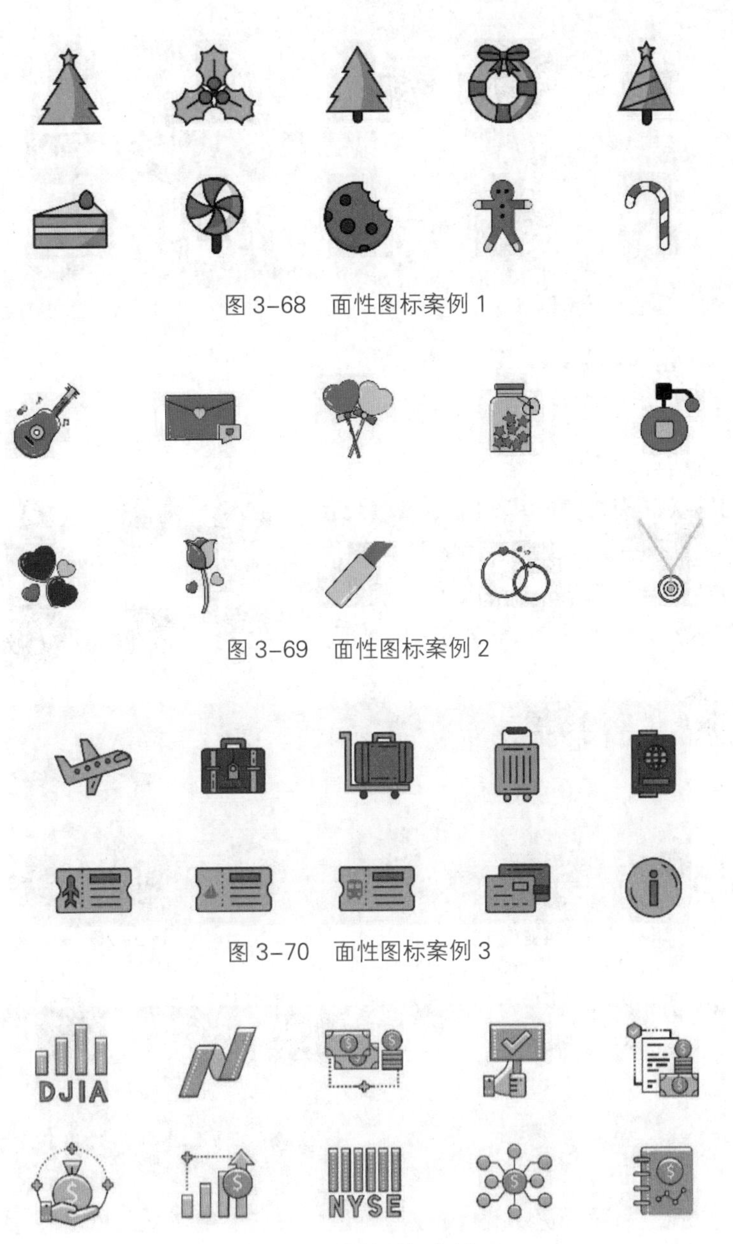

图 3–68　面性图标案例 1

图 3–69　面性图标案例 2

图 3–70　面性图标案例 3

图 3–71　面性图标案例 4

图 3–72　面性图标案例 5

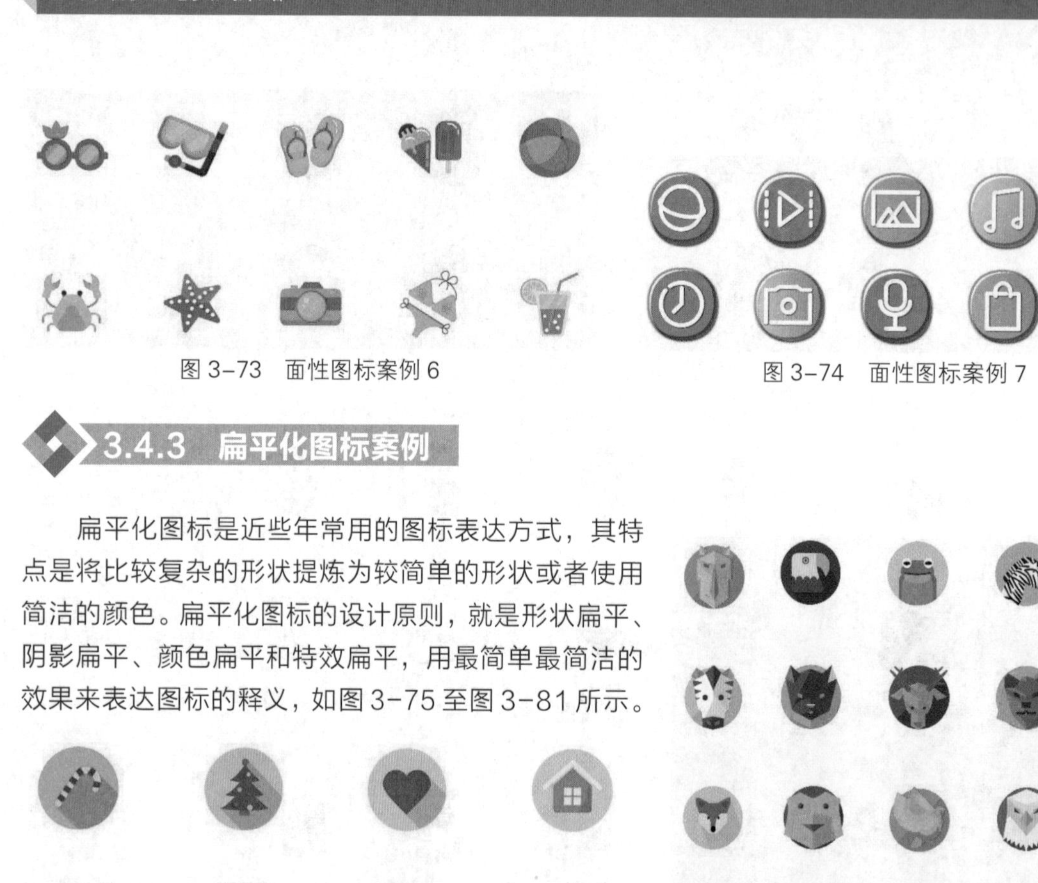

图 3–73　面性图标案例 6

图 3–74　面性图标案例 7

3.4.3　扁平化图标案例

扁平化图标是近些年常用的图标表达方式，其特点是将比较复杂的形状提炼为较简单的形状或者使用简洁的颜色。扁平化图标的设计原则，就是形状扁平、阴影扁平、颜色扁平和特效扁平，用最简单最简洁的效果来表达图标的释义，如图 3–75 至图 3–81 所示。

图 3–75　扁平化图标案例 1

图 3–76　扁平化图标案例 2

图 3–77　扁平化图标案例 3

图 3–78　扁平化图标案例 4

图 3–79　扁平化图标案例 5

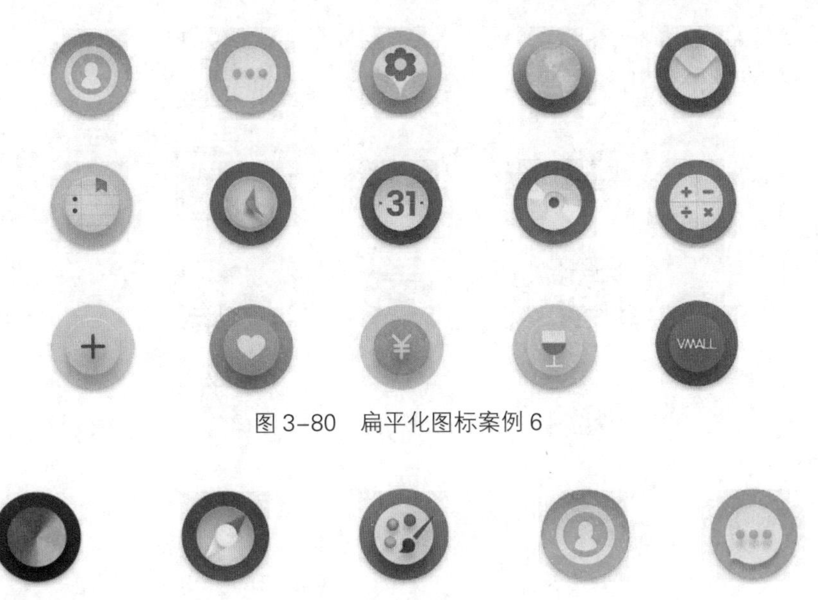

图 3–80　扁平化图标案例 6

图 3–81　扁平化图标案例 7

3.4.4　其他风格的图标案例

图 3–82 为其他风格的图标案例。

图 3–82　其他风格的图标案例

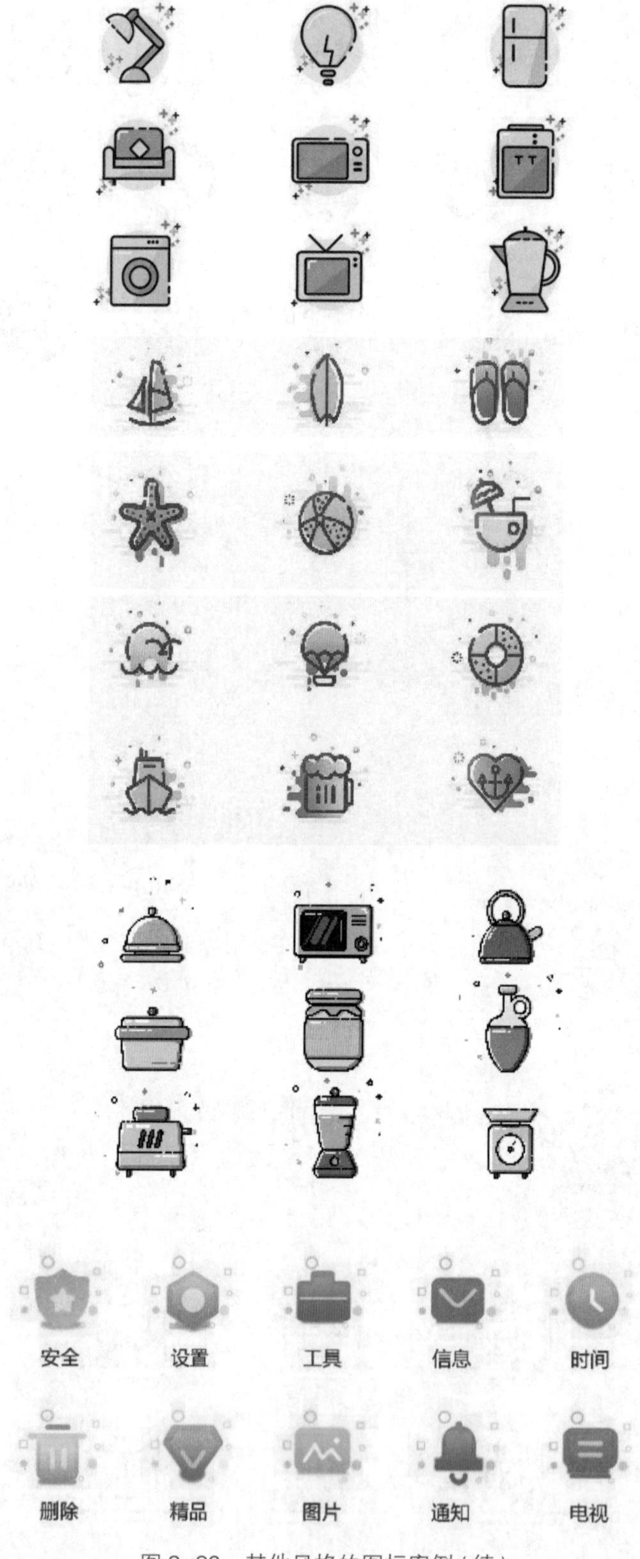

图 3-82　其他风格的图标案例（续）

图 3-82　其他风格的图标案例（续）

第 4 章　UI 设计中版式的应用与实践案例

本章概述：

本章主要讲述基于 UI 版式设计的理论知识，对版式设计的原理进行分析，并提供完整的设计思路和流程。

教学目标：

通过对本章的学习，让读者掌握 UI 设计中版式的设计方法。

本章要点：

了解版式设计中视觉引导的重要性及掌握栅格法布局的方法。

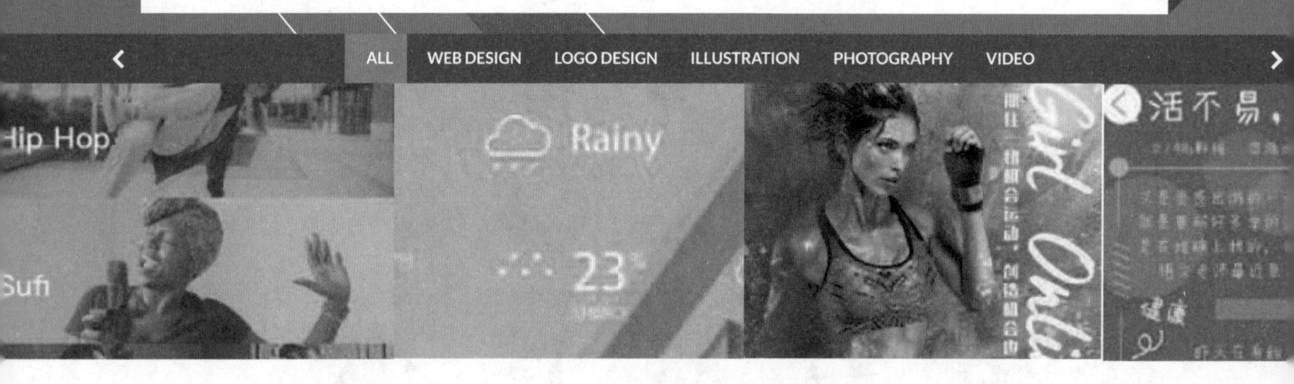

传统版式设计是一个非常庞大的设计体系，其研究在国内外都比较深入，UI 设计中的布局其实就是版式设计中的一个特殊门类，其原理和设计原则都是相通的，所以将 UI 中的布局设计称为 UI 版式设计。

在 UI 版式设计中，运用了版式的四大基本原则，当设计师了解这四大原则后，便可以掌握最基本的页面布局方法，也可以通过掌握基本的版式设计方法，活学活用，设计和制作出更加精美的界面。UI 版式设计原则包括对齐、对比、重复性和亲密性几种。

4.1　UI 设计中的版式对齐原则

对于一些 UI 设计，初看起来会觉得其本身并没有什么太高的技术含量，这些设计往往简洁、清爽，只有一些简单的文字或图片的排列，看上去却十分和谐。但当设计师真正去设计时就会发现，这些看上去很简单、没有技术含量的作品并不是特别容易模仿，很难得到那种简洁、清爽的韵律感，这其中的原因就在于忽视了版式设计中的对齐原则。

4.1.1　对齐原则的概念

在 UI 设计中，任何视觉元素都不能随意摆放，元素之间要保持一定的视觉联系，间距也需要有均衡的节奏。页面元素整齐、结构清晰能帮助设计师更好地传达信息，也提高了用户的观看体验。

页面对齐包含左对齐、右对齐、居中对齐和两端对齐四种基本对齐方式。在页面中运用对齐原则时，居中对齐是较为保守、传统的一种方式。设计师在设计界面时要尽量避免居中对齐，除非想要创建的是一种比较正式、稳重的效果。当遇到一定要使用居中对齐的情况时，就需要大胆一些，有意地让居中对齐效果突出、明显，让用户了解文本是居中对齐的。

对齐原则是比较好理解的，在界面中任何设计元素都不能随意摆放，对齐的目的就是为了让画面更加整齐，也更加具有观赏性，用户的目光会聚焦在对齐的位置，这样能更好地传达信息内容。

如图 4-1 所示，图中的信息元素没有对齐，显得很杂乱，不美观。

如图 4-2 所示，左对齐之后无形之中会觉得左边有一条直线在起作用，目光就会聚集在这条无形的直线上。

图 4-1　元素没有左对齐效果

图 4-2　元素左对齐效果

如图 4-3 所示，居中对齐也是一样，让内容集中在画面中间，从上到下一目了然，整体排版更加有序。

图 4-3　元素居中对齐效果

4.1.2 案例分析

在 UI 的图文排版中，所有的图片和文字都需要遵循版式对齐原则。无论是左对齐还是居中对齐，都需要有固定的对齐参考。

如图 4-4 所示，左侧 UI 中标题、正文和图形元素都按照一定的规律进行排列，使画面看起来更加饱满和具有秩序感，中文文字遵循左对齐原则，部分文字在图像周围进行绕排；右侧 UI 以图片为主，文字为辅，都是以左侧为视觉起点进行排版，遵循左对齐的版式对齐原则。

图 4-4　版式左对齐原则的界面效果

如图 4-5 所示，为了保证 UI 在视觉上的左右均布，图文排版采用了文字靠左、图片靠右的标准排版方式，符合人们的视觉阅读顺序。很多 UI 采用了左图右文的排版方式，由于文字的左对齐是无法更改的，所以必须在 UI 的右侧辅助以某些元素来保证视觉均衡。

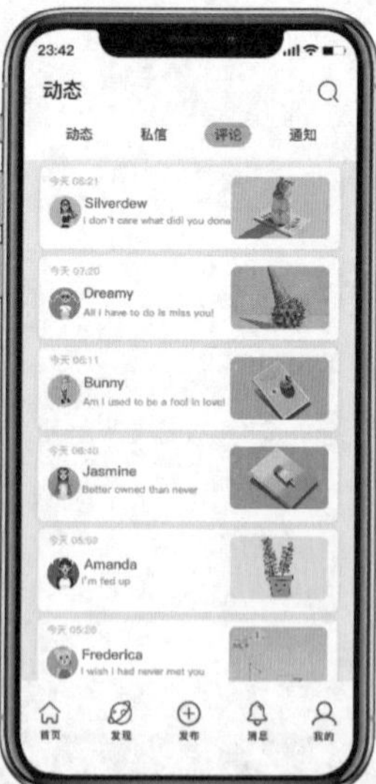

图 4-5　版式左右分散对齐原则的界面效果

如图 4-6 所示，为了避免传统图文混排的单调性，可以采用图片和文字均居中对齐的排版方式，这样做的好处在于可以将用户的视觉阅读按照自上到下的顺序进行，更符合移动设备的阅读方式。

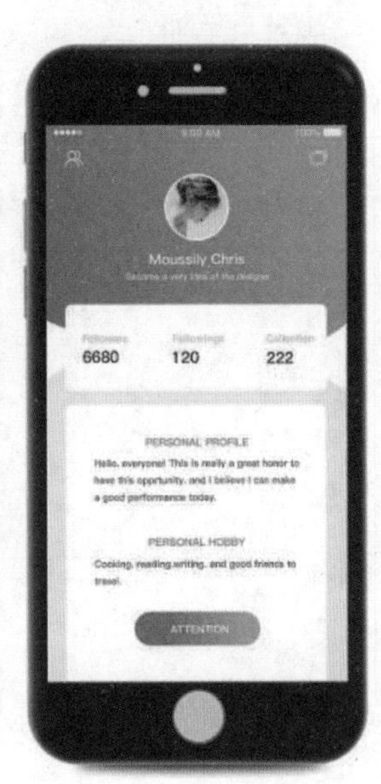

图 4–6　版式居中对齐原则的界面效果

4.2 UI 设计中的版式对比原则

字体、颜色、大小、线条、形状与虚实间都会产生对比，能够起到增强页面效果的作用。当界面满足了亲密、对齐和重复等因素的和谐关系时，就能够保证版面的干净与整齐，但同时也会给读者带来枯燥、乏味的感觉。

4.2.1 对比原则的概念

正所谓“没有对比就没有伤害”，只有通过对比，才能突出一些元素的特点，吸引观众的目光，区分信息的层级。运用对比有助于使设计作品具备层次感，而层次感就是观者接受信息的顺序，即可以帮助观者理解哪些是重要的信息，哪些是次要的信息。一般产生对比的方法有字体大小对比、衬线体与无衬线体对比、粗细对比、冷暖对比、水平与垂直对比、平滑与粗糙对比等，总之大众所看到的元素都有其相对的对象，而且可以用来设计提升用户体验。

设计师可以通过将需要强调的部分进行加粗、调大、修改颜色、增加背景色、添加删除线和下画线、倾斜或是做一些艺术化处理的方式来使这些部分迅速地从大量内容中跳脱出来。对比的附加作用是有效地增强视觉效果，打破平淡的界面，吸引读者注意。但在界面设计时需要注意的是，要么不使用对比，要使用对比效果一定要明显，否则两个元素过于接近，就会导致混乱，使读者产生误会，不知道是设计者故意为之，还是不小心搞错了。

不要害怕在设计中留白，因为这能让读者的眼睛稍作休息，也不要害怕设计不是对称的，非居中的样式有时候能带来令人意想不到的效果，更不要害怕把单词设置得非常大或非常小，在合适的场合这些非常规的设置都是可以的。

版面中的信息少，文字的大小也一样，是无法很好地区分文字层级的。但是如果通过颜色对比、添加线条、大小对比等手法之后，受众就能快速地区分文字的层级。图 4-7 是通过颜色对比的方式来区别层级关系；图 4-8 是通过文字大小的方式来区别层级关系。

图 4-7　使用颜色对比方式突出主题　　　　图 4-8　使用大小对比方式突出主题

4.2.2 案例分析

在 UI 设计中，图片和文字除了要遵循对齐原则外，还要根据其重要程度和用户的视觉阅读顺序进行对比设计。

如图 4-9 所示，在 UI 设计中应用了颜色明度的对比方式来突出重点，利用深色底色和浅色文字的高反差对比，将用户需要优先看到的内容加以呈现。

图 4-9　使用颜色对比原则的界面效果

如图 4-10 所示，在 UI 设计中应用字体大小对比方式来设计用户的阅读顺序，主要用在文字类界面的版式设计中。大小有序的字体对比，既会无感地对内容层级进行划分，又会减少用户阅读的单调性。

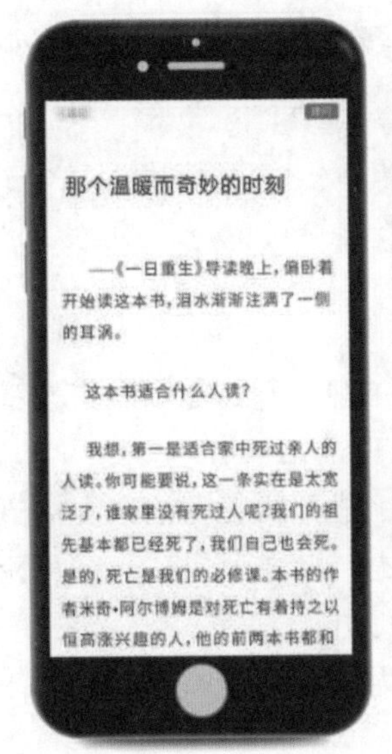

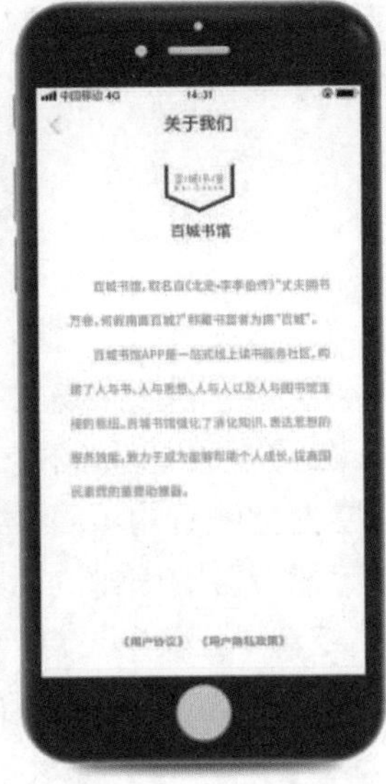

图 4-10　使用字体大小对比原则的界面效果

如图 4-11 所示，在 UI 设计中利用图片对比和文字对比的混排方式，也能突出 UI 中的重点及引导用户的阅读顺序。不同的字体大小对比，不同的颜色对比，可以将 UI 划分成若干层级，并产生视觉引导性。

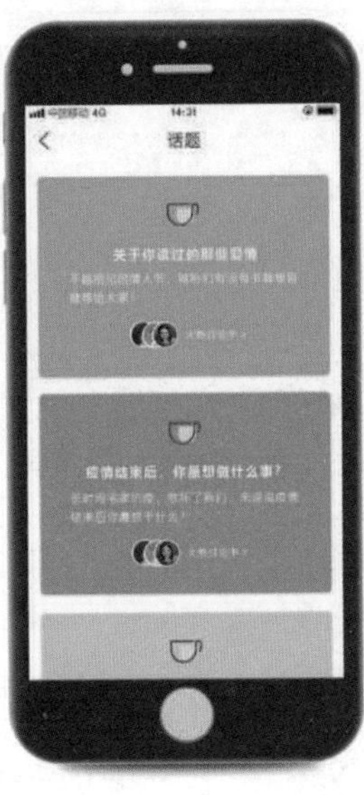

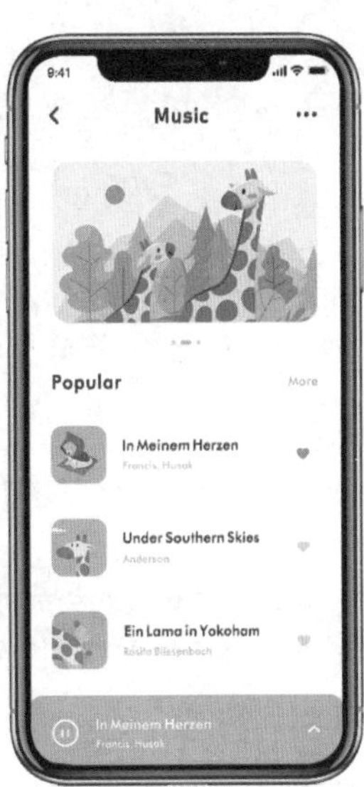

图 4-11　使用图文混排对比原则的界面效果

4.3 UI 设计中的版式重复性原则

相同的样式在一个设计中多次使用，称为重复。设计的某些方面需要在整个作品中重复，这是一种统一设计各个部分的有意识的行为，包括形的重复、尺寸重复、色彩重复、质感重复、方向重复、位置重复、空间重复和重量重复等。

4.3.1 重复性原则的概念

重复性原则可以使界面的内容更加统一，也能够让画面看起来更加美观。例如使用一些整齐排列的色块、相同的段落格式或者是相同的形状等，都可以增加画面的条理性和整体性。

版式设计中编排元素间形的重复、编排元素与空白空间形的重复、编排元素在网格单元中的重复，构成协调一致的视觉形象。然而太多的重复可能会影响编排的活力，这时可以在方向和空间上进行一些变化，形以各种方式相互叠加、穿透、组合或正负形结合等。

如图 4-12 所示，上方的排版横向长度不一致导致视觉上的混乱，而下方相同编排元素的重复会统一视觉形象。

不同形状的视觉原色，同样会导致画面的不平衡。使用统一的格式使画面更加连续、美观与精致。将不一致的元素进行统一，就可以使画面内容更加整齐、美观。

如图 4-13 所示，上方采用不同的元素形状导致视觉上的混乱，而下方将形状统一后的相同编排元素的重复会统一视觉形象。

图 4-12　相同编排元素的重复会统一视觉形象 1

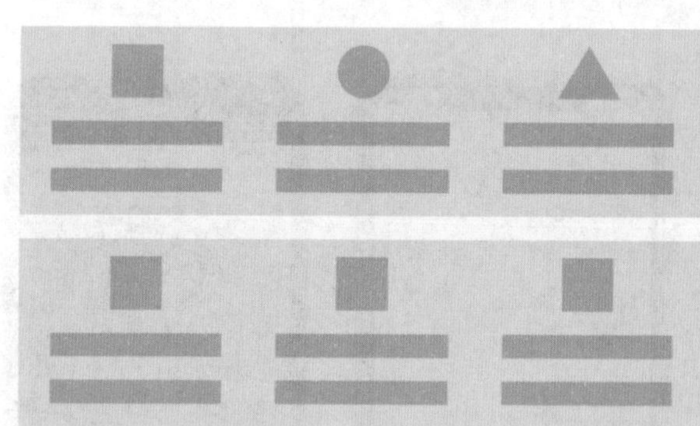

图 4-13　相同编排元素的重复会统一视觉形象 2

4.3.2 案例分析

在 UI 设计中遵循重复性原则，一定程度上可以减少设计师的设计难度，但是也要求设计师具备更为宏观的把控能力，以保证 UI 整体风格的一致。

如图 4-14 所示，在界面中，相同内容的模块采用相同的版式分割、配色和字体大小等，形成了统一的视觉效果，同时也提高了 UI 的完整度，提升了产品的整体形象定位。

图 4–14　使用重复性原则的界面效果 1

如图 4–15 所示，在界面中，采用了相同形状和板块的重复，让界面形成统一的风格，增加秩序感，提升阅读引导性。

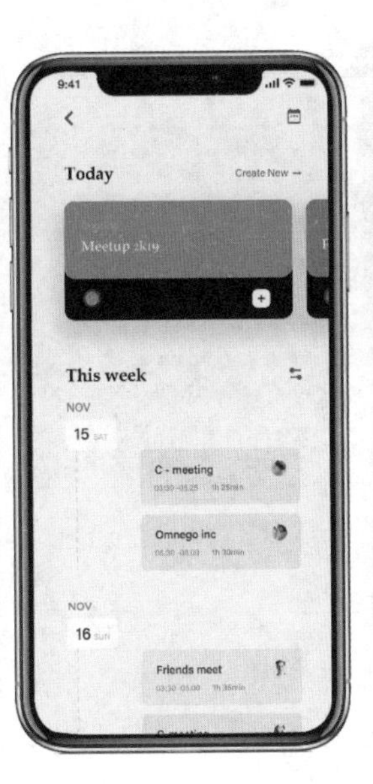

图 4–15　使用重复性原则的界面效果 2

4.4　UI 设计中的版式亲密性原则

在 UI 设计中，视觉位置的接近，就意味着存在关联。把相关联的视觉元素分在一组，使它们建立起亲密关系，就会让界面看起来更加有条理，也能使所表达的信息更加清晰。

4.4.1 亲密性原则的概念

亲密性是实现视觉逻辑化的第一步，在设计中，设计师需要将相关的部分组织在一起，关系越近的内容，在视觉上就应该越靠近；反之，关系越疏远的内容，在视觉上就应该越远离。这样一来，有关系的部分将会被看成一个组合，而不是零散的个体，这样也给读者明确的提示，使其快速掌握页面的内容分布。

信息的排列也是一样，当这些信息被杂乱地排列在一起时，就很难知道这些信息是分开的还是在一起的，这样容易混淆获取信息的内容。

段与段之间有标题的话，就应该注意标题和上、下段之间的距离应该有差别，因为标题和下一段是一个整体，和上一段的关系不大。这种亲疏关系应该在间距的大小上表现出来。如果一个版面中的标题和正文就是独立的两个版块，正文间的亲密度应该高于正文与标题间的亲密度。所以，标题和正文间应该有明显的区分，当然区分的方式各种各样。

如图 4–16 所示，左侧杂乱的布局使内容容易混淆，而右侧适当的留白可以使内容与内容之间形成视觉上的分割。

图 4–16　适当调整内容的亲密度

4.4.2 案例分析

在 UI 设计中，亲密性原则并不是元素之间越紧密越好，而是要将亲密度调整到一个让用户舒服的尺度。

如图 4–17 所示，左侧的文字与图片虽然按照图文混排原则进行了排列，但是上下信息之间产生了混淆。右侧综合利用各类排版原则，并在亲密性原则上保证了一个均衡的尺度，所以让人看起来更加舒服。

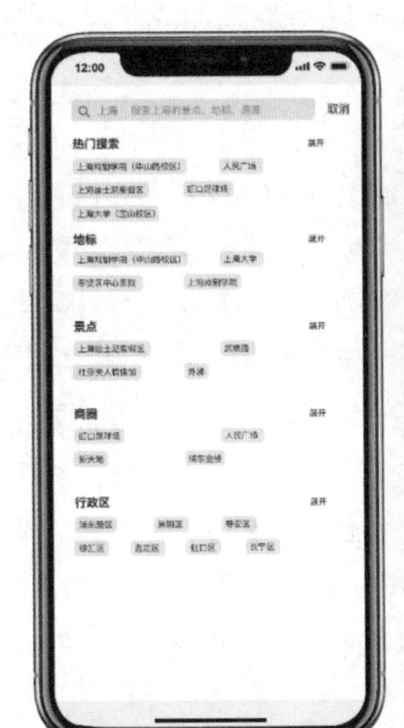

图 4–17　使用亲密性原则的界面效果 1

如图 4–18 所示，在处理图像和文字排列的时候，适当调整元素之间的亲密度，使界面的视觉效果更加舒适。

图 4–18　使用亲密性原则的界面效果 2

4.5　UI 设计中版式设计的视觉引导性

UI 设计中的视觉引导性，是基于 UI 版式设计原则，需要设计师特别注意的设计内容。视觉引导性，就是通过版式设计，人为地规划用户的阅读顺序，以降低用户的认知负担，提高用户的阅读引导性，进而提升用户体验。

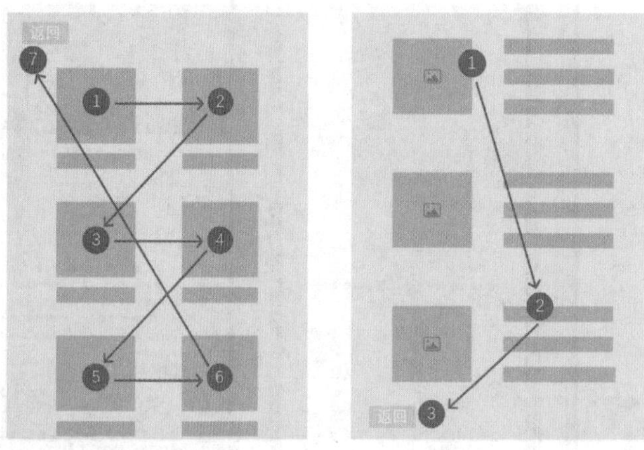

图 4-19　不同的阅读顺序

在视觉引导性的规划过程中，需要注意两个方面：一个是线性引导的方式，另一个是减少用户认知的次数。

如图 4-19 所示，在处理同级信息阅读的时候，左侧原型图采用了非线性的阅读顺序，这样让用户的视觉和操作始终处在一个无序的状态；右侧原型图采用了自上而下的阅读顺序，让用户的视觉和操作处于一个线性的状态，并且最终操作停留在最方便操作的底部。

图 4-20 是一个产品注册的原型流程图。用户需要通过多步来完成整个注册过程。烦琐的操作步骤会影响用户对于产品的第一印象，所以在图 4-21 中，将注册的流程顺序进行调整，并减少用户的操作次数，以提升用户整体的体验。

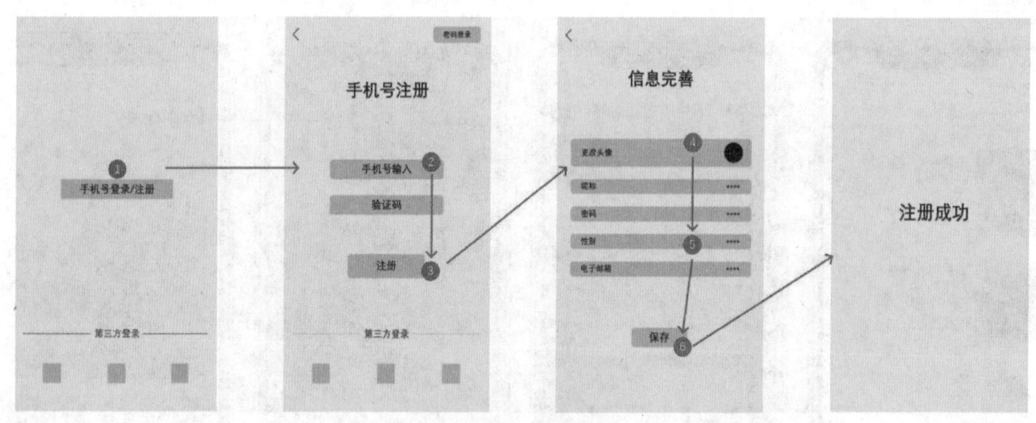

图 4-20　原型流程图 1

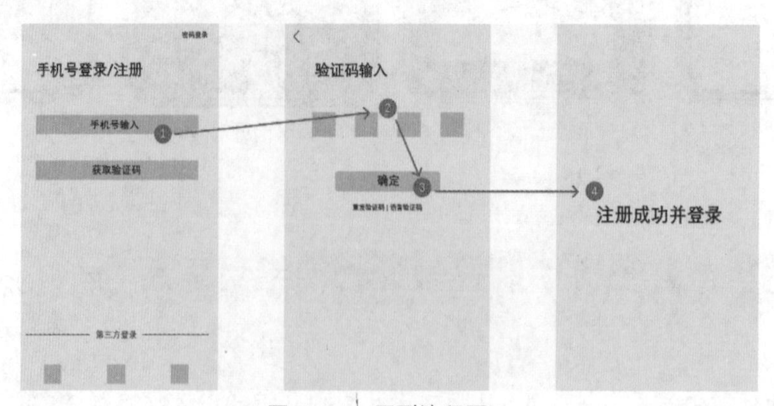

图 4-21　原型流程图 2

4.6 UI 设计中的栅格系统

栅格系统可辅助设计师进行 UI 设计时快速准确地完成布局。在实际的设计中，可以利用软件自身的网格系统及网格对齐功能来实现，也可以通过提前制作栅格系统来实现。

4.6.1 什么是栅格系统

栅格系统，又称网格设计系统、标准尺寸系统和程序版面设计等，是平面设计中一种版式设计的方法与风格。运用固定的格子设计版面布局，其风格工整简洁，已成为当今出版物设计的主流风格之一。

现在，栅格系统也已经被普遍运用到 UI 版式设计中，以规则的网格阵列来指导和规范 UI 中的版面布局和信息分布。对于 UI 设计来说，栅格系统的使用，不仅可以让网页的信息呈现更加美观易读，也可使其更具实用性。

4.6.2 栅格系统在 UI 设计中的使用规范

在 UI 设计栅格系统中的最小单位就是界面设计的基础单位，界面内的设计元素和排版都是依照这个基础单位建立和布局的，一般情况下最小单位是 10，不过也不是固定的，根据具体设计的精度，也可以选用其他的单位。

1. 列

如图 4-22 所示，列是栅格系统的纵向排布依据，常用的 PC 端是 12 列，移动端是 6 列。列数越多，纵向排布的内容就越细致，但是版面内容就会变得非常密集。

2. 行

如图 4-23 所示，行是栅格系统的横向排布依据，目前主要以瀑布流形式来显示内容，不固定高度并让行数变成未知数。很多设计师往往会忽略行布局，其实合理地运用行，能够让页面布局变得更加合理化。

图 4-22　移动端栅格系统竖向划分为 6 列

3. 水槽

如图 4-24 所示，水槽就是列和行的分割间距，水槽越大，页面布局间距就越大；水槽越小，页面就越紧凑。需要强调的是，水槽里不能放置内容。

图 4-23　移动端栅格系统横向依据整体高度划分为多行

图 4-24　移动端栅格系统中的水槽

4. 屏幕安全边距

如图 4-25 所示，边距是指栅格之外的屏幕边缘部分，这里是不能放置内容的。移动端的边距主要是指两边与屏幕边缘的距离，Web 端的边距是指两边的留白区域。

5. 内容区

如图 4-26 所示，内容区就是行和列交叉所形成的区域，主要用来放置设计内容。

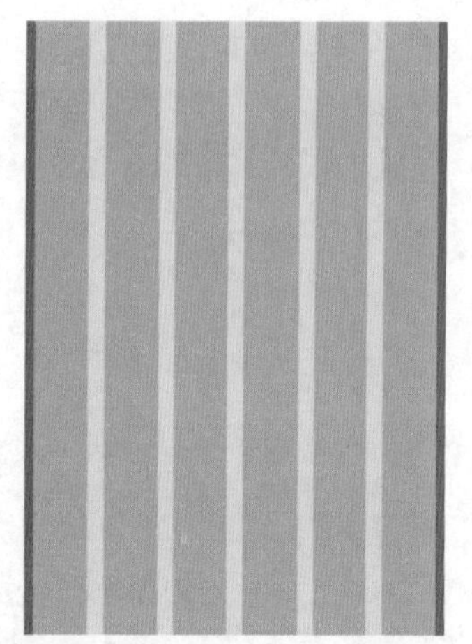

图 4-25　移动端栅格系统中的屏幕安全边距

图 4-26　移动端栅格系统中的内容区

以上是栅格系统的几个基础单位，请注意以下几个常用数据，常用 PC 端最小单位是 10，列是 12；移动端最小单位是 3、4、5、6，列是 6，水槽和边距不要放置内容。

项目中根据界面风格决定这款产品的最小单位，然后决定水槽和安全边距，从而得到内容区大小。

4.6.3　如何制作栅格系统

栅格系统在 UI 设计和前端开发中是被广泛应用的一套体系，本节重点介绍如何制作栅格系统。

如图 4-27 所示，深灰色栅格中的列构成了内容宽度。一般来说，列宽是不会变的，只是列数会随着设备的不同而变化，比如从 PC 端的 12 列变为平板电脑上的 8 列，然后在移动端变为 4 列。严格来说，其实可以定义任何想要的列宽，但大多数情况下的网格列宽都设置在 60 ～ 80px 之间。选择合适的列宽是最重要的，因为这是内容宽度的主要决定因素。

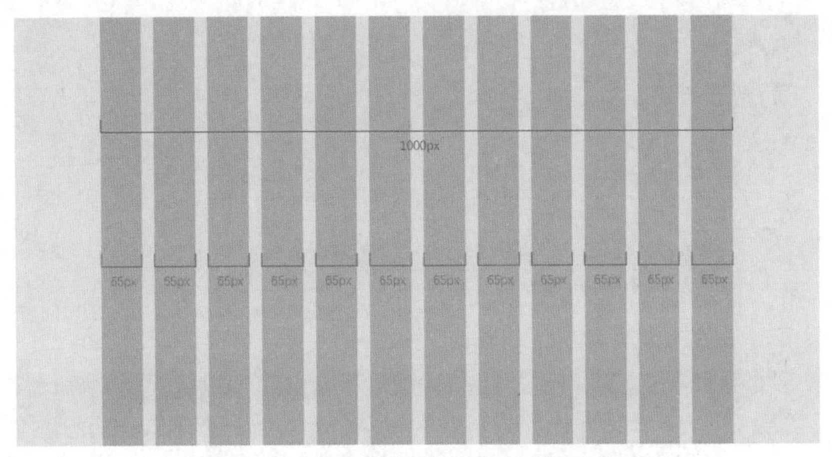

图 4-27　UI 设计区域内的竖向栅格划分

如图 4-28 所示，水槽是指列与列之间的空间。20px 是一个常见的尺寸设置，当设计块状或者卡片元素的网格时，这种间距非常重要，比如进行照片类设计的时候。有些系统会随着设备宽度的增加而增加水槽的宽度，但也可以保持固定。

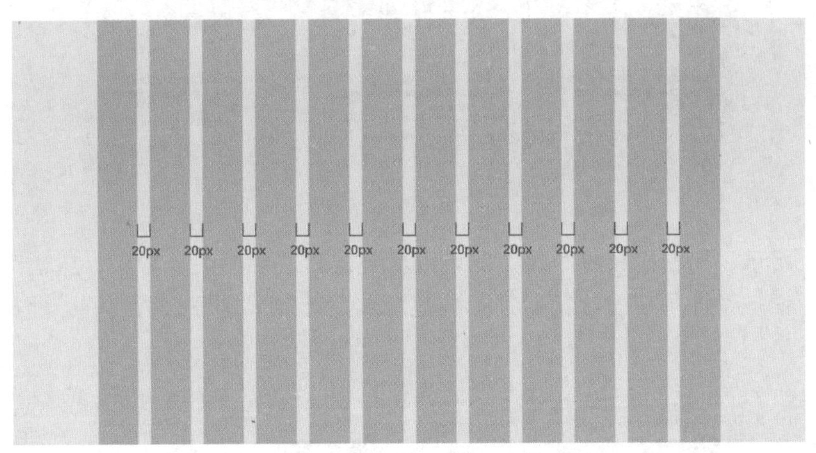

图 4-28　设计区域内的水槽区

如图 4-29 所示，屏幕安全边距又叫外边距，也称为外水槽，是内容之外的空白区域。为了更方便地设计，外边距会随着设备宽度的增加而增加。移动设备的边距通常为 20 ～ 30px，而在平板电脑和 PC 端，这个间距通常差异很大。下面介绍一些基本的准则，但要明白在实际设计中其实没有任何硬性的规定。

1. 内容元素必须放在栅格系统上

UI 设计中所有的内容元素必须位于栅格系统上，可以任意分割。如图 4-30 所示，可以利用栅格系统将设计内容进行分割。

图 4-29　设计区域内的屏幕安全边距

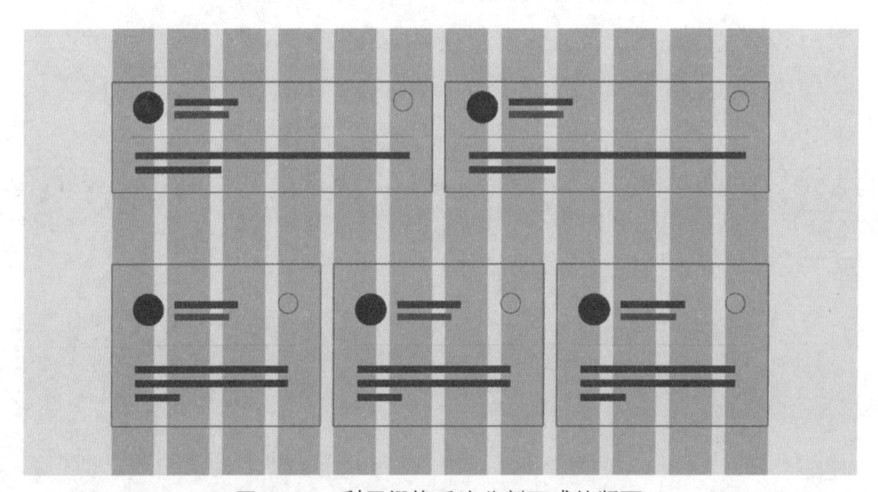

图 4-30　利用栅格系统分割而成的版面

如图 4-31 所示，将栅格系统隐藏，就可以看到最终的版面设计效果，这也可以解释版面设计的推演过程。很多设计师在设计初期并不清楚版式设计效果是怎么得到的，而栅格系统很好地解释了这一过程。

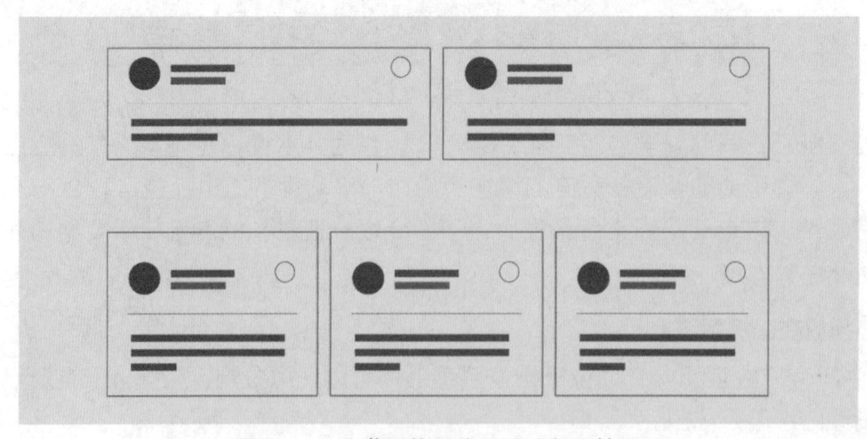

图 4-31　隐藏栅格系统以后的版面效果

如图 4-32 所示，有时候，若是将内容严格地套用在栅格布局上，会发现那样不够美观。

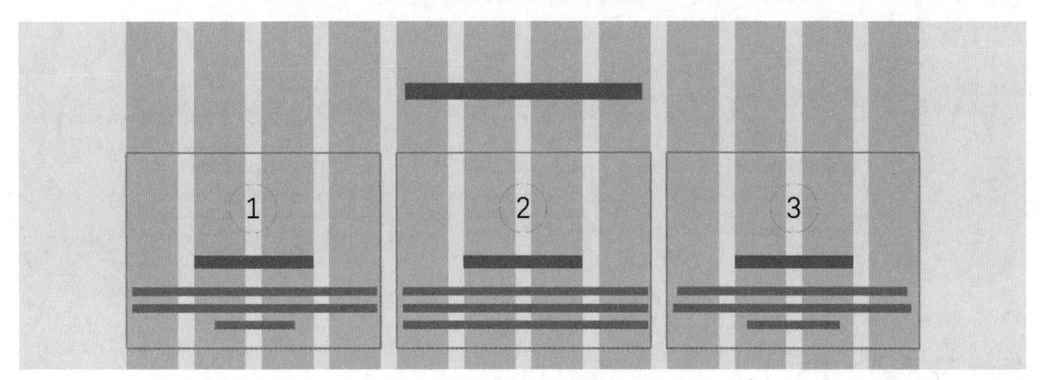

图 4-32　利用栅格系统分割版面

如图 4-33 所示，如果把内容都放在网格上，文本内容会很长，反而显得过于拥挤，不够美观。正确的处理方式是按图 4-34 所示，适当缩小内部版面的边距，只要理解整个元素实际上是固定在一个不可见的、更大的栅格容器中就行。

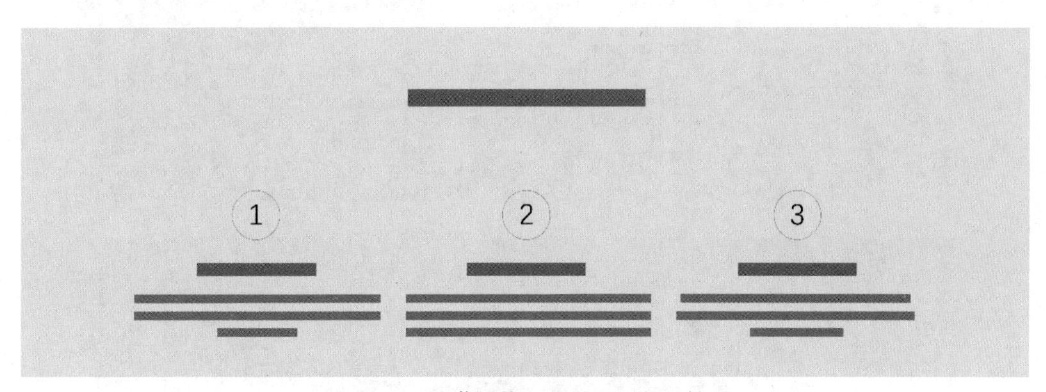

图 4-33　隐藏栅格系统以后的版面效果

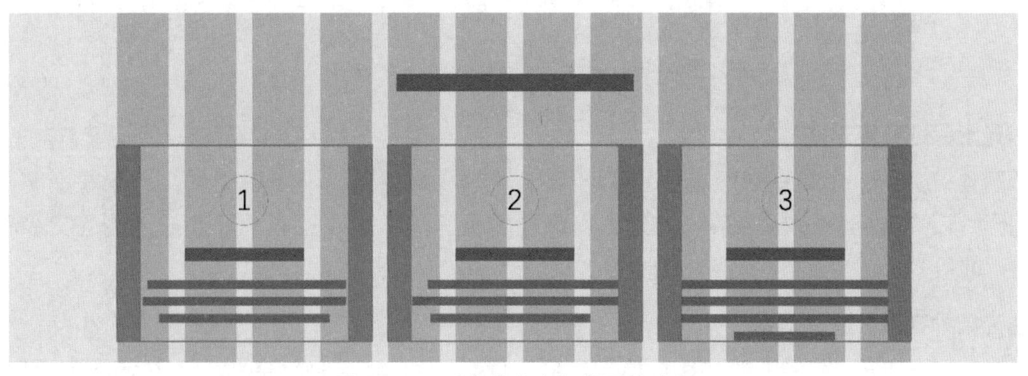

图 4-34　适当缩小内部版面的边距

如图 4-35 所示，将栅格系统隐藏，就可以看到最终的版面设计效果，这同样用到了前面讲解的版面设计原则。

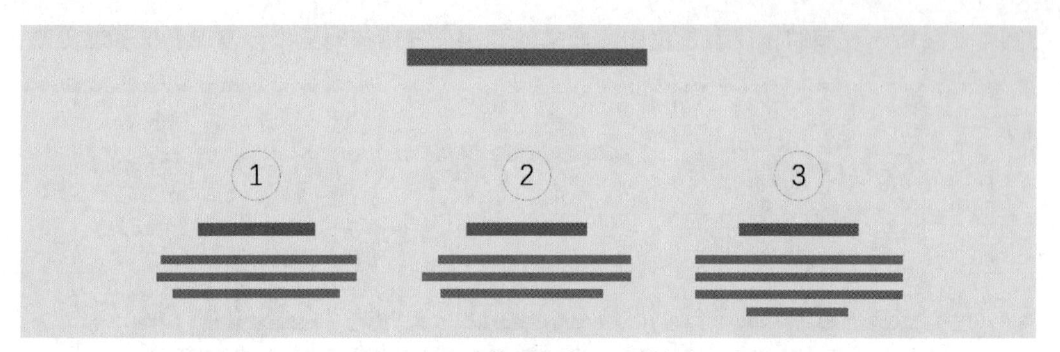

图 4-35 调整版面边距后的效果

2. 内容元素不能留在水槽中

如图 4-36 所示，所有的内容元素应该放在列宽以内，而不能放在水槽中，这样会违背栅格化的目的，图中下面的内容元素放在了右侧的水槽中，这是一种错误的应用方法。

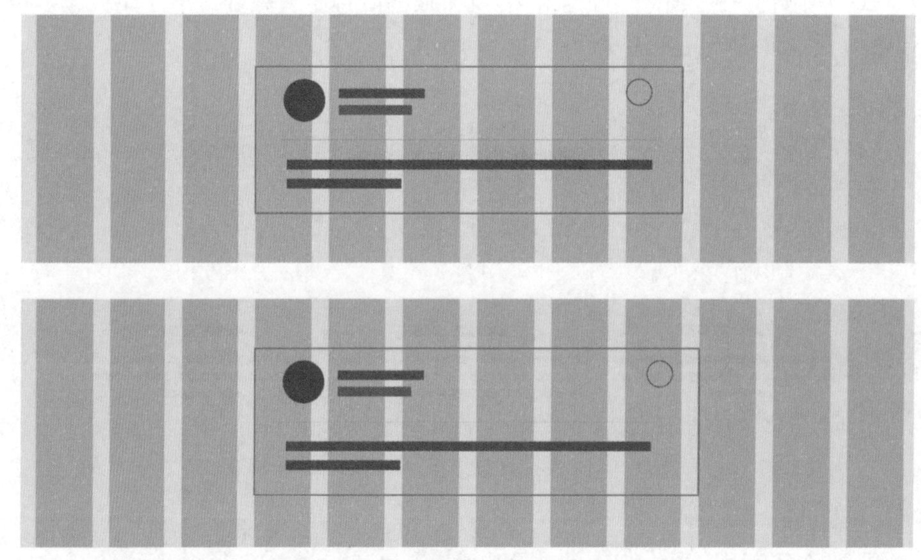

图 4-36 不要将内容元素留在水槽中

3. 内容元素保证父级对齐

如图 4-37 所示，有些时候，要将设计和卡片分成两部分，一半是图片，一半是文字，可能会遇到图片没有完全放在栅格系统的列上。这种情况其实不需要担心，只要最外侧的父级元素与栅格对齐即可。

4. 内容元素排列不必过于紧密

如图 4-38 所示，在刚开始使用栅格系统的时候，经常将所有重要的内容都与栅格列宽相适应，会把网格宽度当成全部内容区域，这样的布局会让版面过于饱满，所以还需要为其设定一定的内边距。如图 4-39 所示，适当调整内容元素在栅格系统中的位置，此时外边距就起到了留白的作用。不要在栅格内部把列宽当成内边距，而是要与网格最外面保持对齐，利用网格外的间距来当作留白区域。

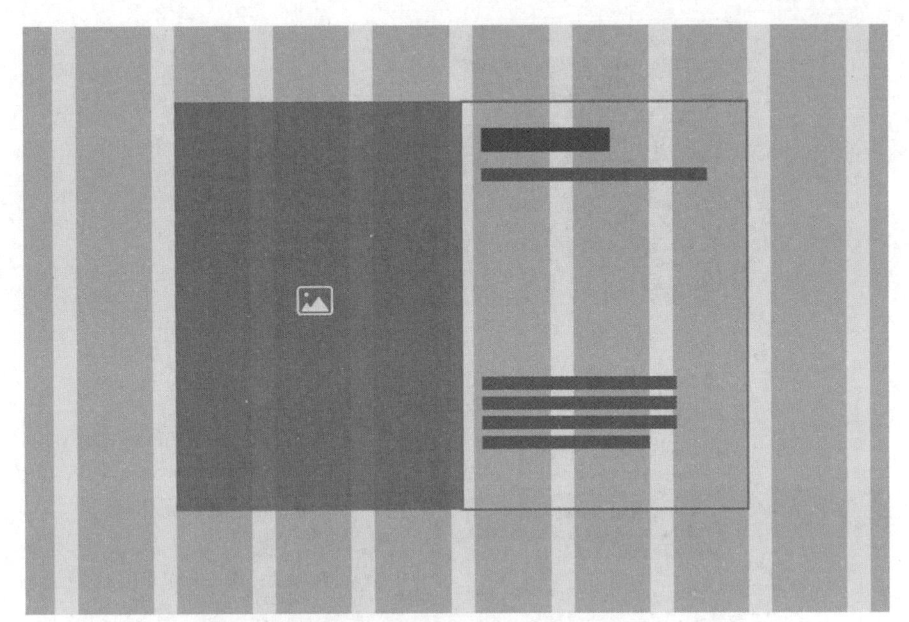

图 4–37　父级元素对齐栅格系统

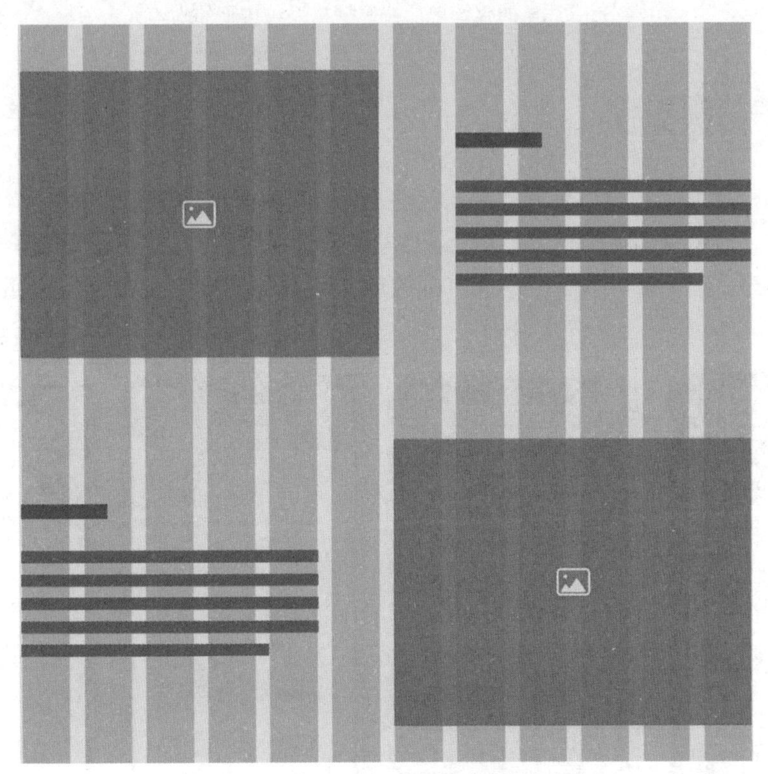

图 4–38　按照栅格系统排列的内容元素

栅格系统的真正意义，就是如果需要一个 1000px 宽的 UI 设计，并不意味着实际设计的宽度按照 1000px 来进行，而是指整体的设计范围是 1000px。设计师需要根据栅格系统作为参考，通过遵循版式设计的对齐、对比、重复和亲密性等原则完成整体 UI 的设计。

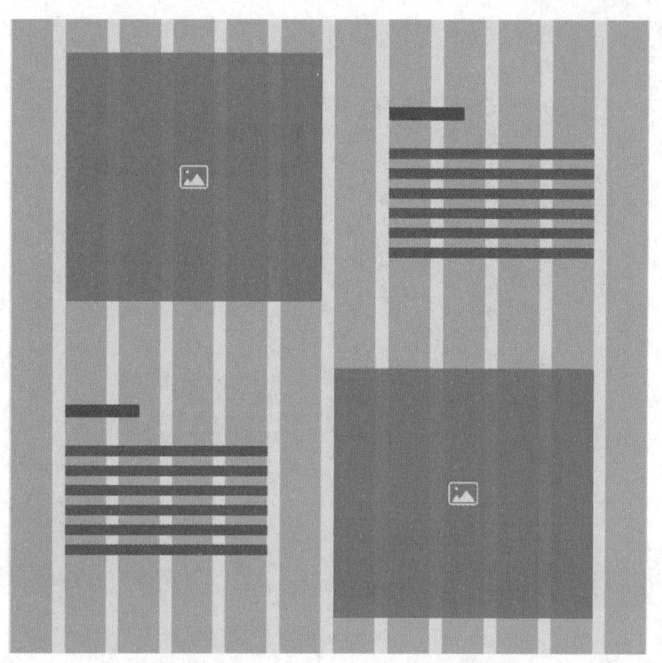

图 4-39　适当调整留白后按照栅格系统排列的内容元素

4.6.4 案例分析

UI 设计中的版式原则和栅格系统，是 UI 版式设计的重要组成部分。栅格系统是 UI 的骨架，版式原则是方法，配色、图标等设计是血肉，共同组成了完整的 UI 视觉设计效果。

图 4-40 是按钮类界面利用栅格系统排列的效果，此类界面主要由选项卡和按钮原件组成，按照栅格系统的排列，有助于整体尺度的统一。

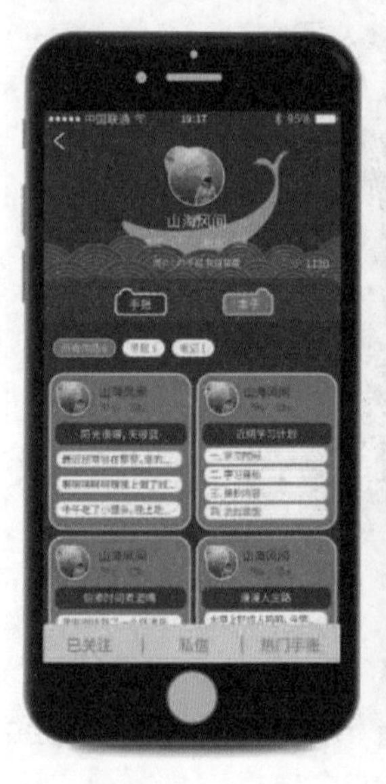

图 4-40　使用栅格系统制作的界面效果 1

图 4–41 是图文类界面利用栅格系统排列的效果，此类界面以文字为主，图片为辅，需要同时遵循 UI 版式原则和字体排列原则，这样设计的 UI 更加规范，符合图文混合阅读的要求。

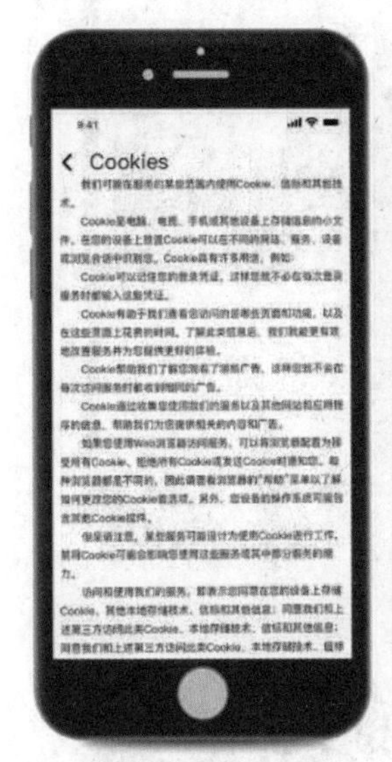

图 4–41　使用栅格系统制作的界面效果 2

图 4–42 是对话评论类界面利用栅格系统排列的效果，此类界面除了正常的排版外，需要更加注意阅读的顺序性、关联性和包含性等，需要对主次关系进行视觉上的强化，让用户在阅读的过程中不易产生视觉疲劳，并可以抓住重点。

图 4–43 是图文选单类界面利用栅格系统排列的效果，此类界面主要用来向用户展示产品，并使用列表的形式，降低用户的阅读负担，所以在排列的过程中只需要严格按照栅格系统布局即可。同样，在字体的处理上，要充分利用明暗、颜色和大小等去规划文字的阅读等级。

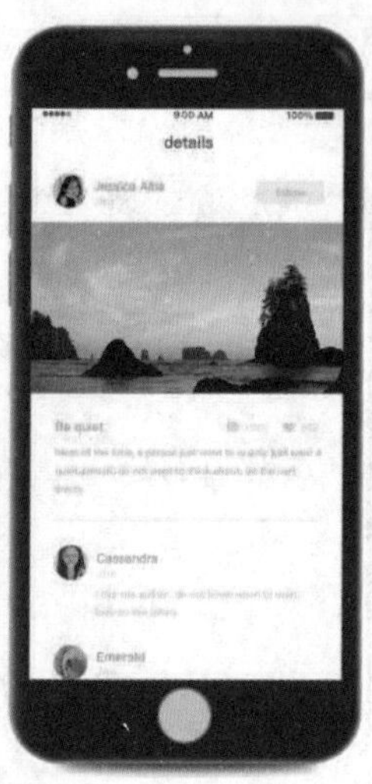

图 4–42　使用栅格系统制作的界面效果 3

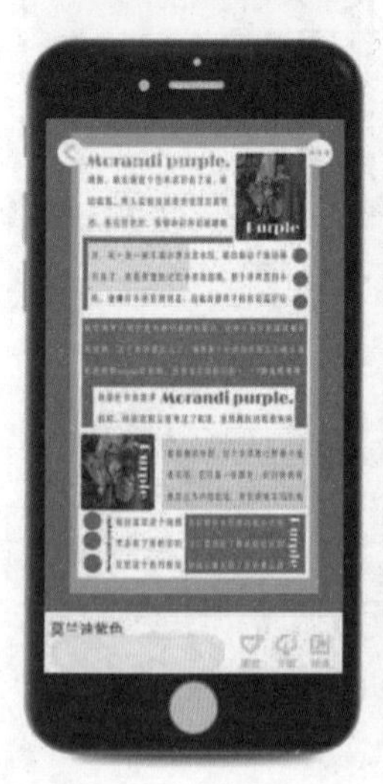

图 4–43　使用栅格系统制作的界面效果 4

4.7 实践案例

版式制作过程如下。

1. 确定界面尺寸

图 4-44 是 iPhone 6 尺寸图。iPhone 6 尺寸图的分辨率为 750×1334px，像素密度（PPI）为 326，状态栏的高度为 40px，导航栏的高度为 88px，标签栏的高度为 98px。

2. 确定栅格系统

如图 4-45 所示，深灰色栅格中的列构成了内容宽度。网格列宽都设置为 65px，网格间距为 20px。选择合适的列宽是最重要的，因为这是内容宽度的主要决定因素。

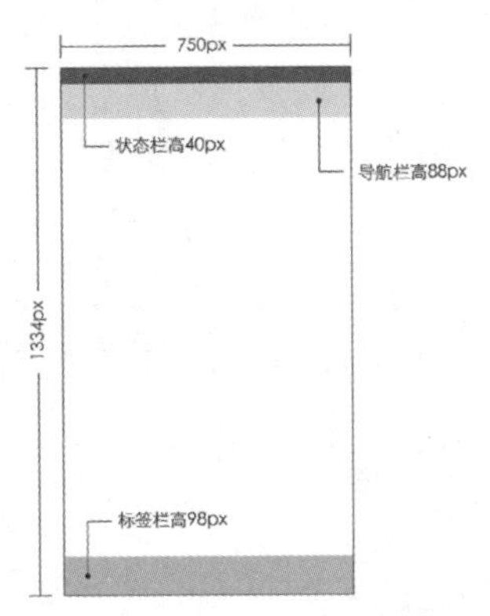

图 4-44　iPhone 6 尺寸示意图

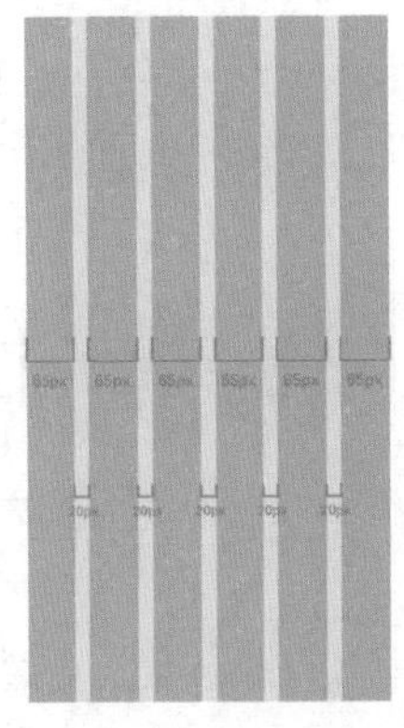

图 4-45　确定栅格系统

3. 低保真原型图的制作（草稿）

用户可以利用软件对 App 界面制作原型图草稿，可以手绘原型图草稿，也可以使用一些较为便捷的第三方工具。图 4-46 是利用蓝湖旗下的 MasterGo 一站式协同设计工具制作的低保真原型图。

低保真原型图原则上不需要对具体的尺寸进行标注，只需要表明界面的布局、功能划分及切换风格等内容即可。但现在像 MasterGo 这类一站式协同设计工具，不仅可以制作低保真原型图，还能直接完成最终界面的设计、输出高保真原型图，并且支持市面上大部分主流设计软件的导入和导出，大大提高了界面设计的整体效率。

图 4-46　利用 MasterGo 制作的低保真原型图

低保真原型图不需要对具体的尺寸进行标注，只需要表明界面的布局、功能划分及切换风格等内容即可。

4. 高保真原型图的制作

利用栅格作图法，将原型图在栅格内按照规定尺寸进行制作，将之前制作的原型图草图放在栅格中进行精准制作，以便后期生成效果图，如图 4-47 所示。

5. 配色方案设计

此案例为智能家居 App 交互界面设计，App 交互界面设计以柔和的色调为主，设计主色调选取了蓝色 (#2684ff)，主要框架和按钮都用蓝色作为填充色，凸显交互界面设计的层次感；大部分界面的背景选取了浅蓝色 (#91d0f8) 为主要填充色，作为模块的背景板；界面中还采用了青色 (#74a6c6)，用在界面中未开启的图标上，使用户可以快速定位，使之改变颜色；界面中部分未选中图标和文字采用灰色 (#bbbbbe)；部分界面的背景采用白色 (#ffffff)，来凸显其中的文字和图片信息，避免因界面中的颜色过少而导致用户视觉疲劳的问题，如图 4-48 所示。

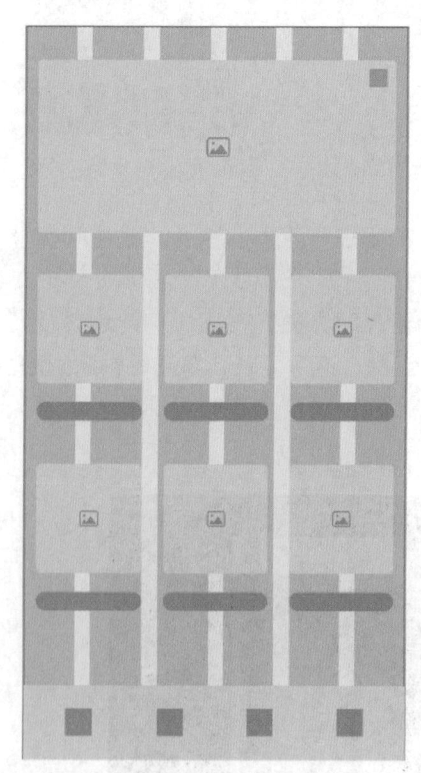

图 4-47　制作高保真原型图

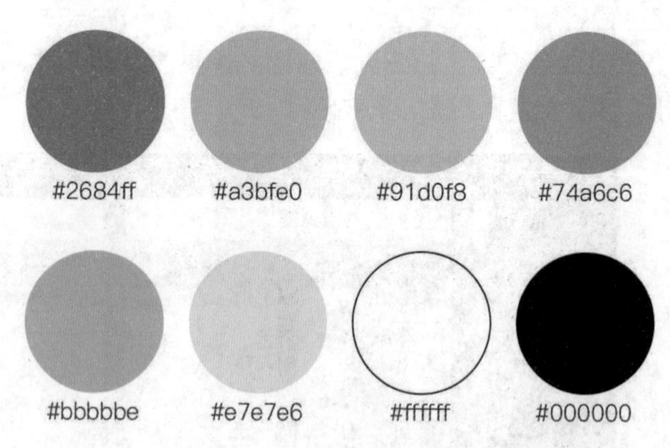

图 4-48　整体界面风格配色

6. 原型图展示

此 App 交互界面原型图设计需要以用户为中心进行整个产品理念的设计。它的交互界面原型图设计是由元素组成的，包括线、颜色、按钮、图标等，需要做到层次清晰，将重要的元素进行强化，将次要的元素进行弱化，通过颜色的饱和度来突出重要元素，引导用户将视觉焦点聚集到重要的元素上，如图 4-49 所示。

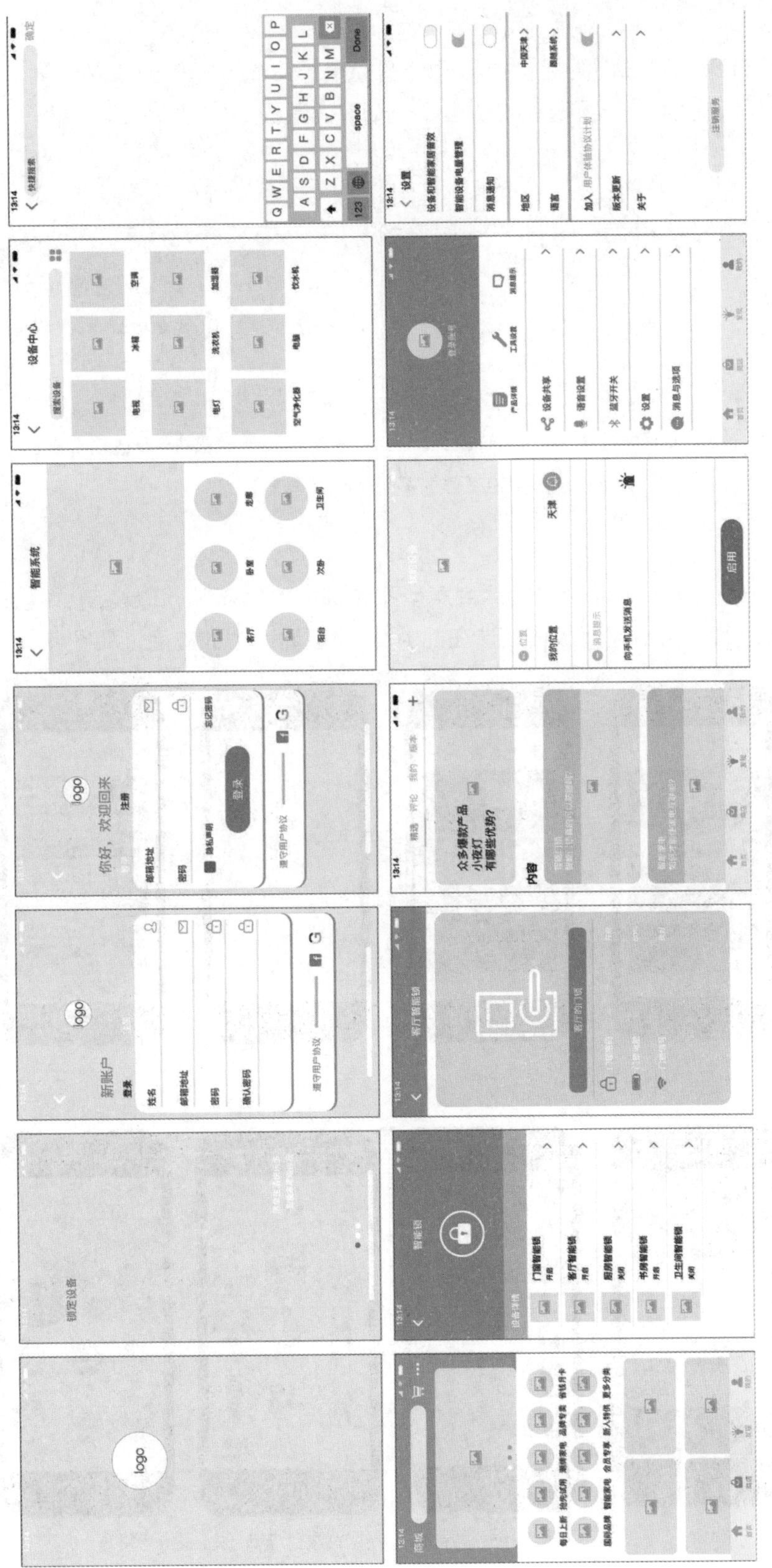

图 4-49　UI 高保真原型图的制作

7. 图标设计

界面图标设计采用了线性图标设计和面性图标设计，通过简单的线条勾勒出每一个界面的模块图标，简洁明了，让用户一眼便能辨认出每一个界面图标，如图 4-50 所示。

图 4-50　界面图标的设计与制作

8. 效果图展示

通过使用 Adobe Photoshop 软件将原型图和选好的展示图，以及用 Adobe Illustrator 软件制作好的图标进行结合，实现版式设计在此 App 交互界面中的应用，如图 4-51 所示。

图 4-51　界面效果图的设计与制作

第 5 章　UI 设计中色彩的应用与实践案例

本章概述：

本章主要讲述基于 UI 的色彩理论知识，对色彩的显示原理进行分析，总结出常见的 UI 配色方法。

教学目标：

通过对本章的学习，让读者掌握 UI 设计中的基本配色方法。

本章要点：

了解配色对用户行为的影响和常见的配色方案。

色彩的本质是光，光通过物体表面的反射，折射入人眼，对大脑产生刺激，成为人类对外界事物的感受。设计师通过考虑色彩的属性，将合适的色彩以正确的方式在设计中呈现出来。在 UI 设计中，设计师不仅仅要去考虑色彩的使用和搭配原理，还需要考虑产品的色彩表现很大程度上依赖于移动设备对色彩的处理和显示这种情况，所以设计师在对色彩进行设计时，需要考虑的因素包括色彩的数量、画面中的渐变、色彩中使用的效果、用户对产品所产生的色彩期望、使用的色彩是否与主体产品理念相吻合、色彩的使用是否合理等。色彩的使用还会影响到产品的可用性和可读性、品牌认知度和品牌意识、用户视觉和交互、信息组织和用户流程，以及设计的整体体验等。

5.1　UI 设计中色彩的基本原理

在 UI 设计中，色彩的应用具有决定性的作用。好的色彩搭配不一定代表是好的设计，但是好的设计一定有优秀的色彩应用。在 UI 设计中，界面中的按钮、图片、线条和文字等元素都是由色彩构成的，这些色彩决定了人们所看到的界面。通过控制色彩的色相、纯度、明度及它们之间的相互关系，可以解决 UI 设计中的很多色彩搭配问题，如图 5-1 所示。

光通过物体反射，并折射到人的眼睛，才使我们可以看到色彩斑斓的世界。人眼接收经过光反射的颜色后，加工和处理成为视觉的感受。在 UI 设计中，我们需要在移动设备中将色彩进行搭配和组合，使用户接收到的信息准确清楚、和谐得体、赏心悦目，如图 5-2 所示。

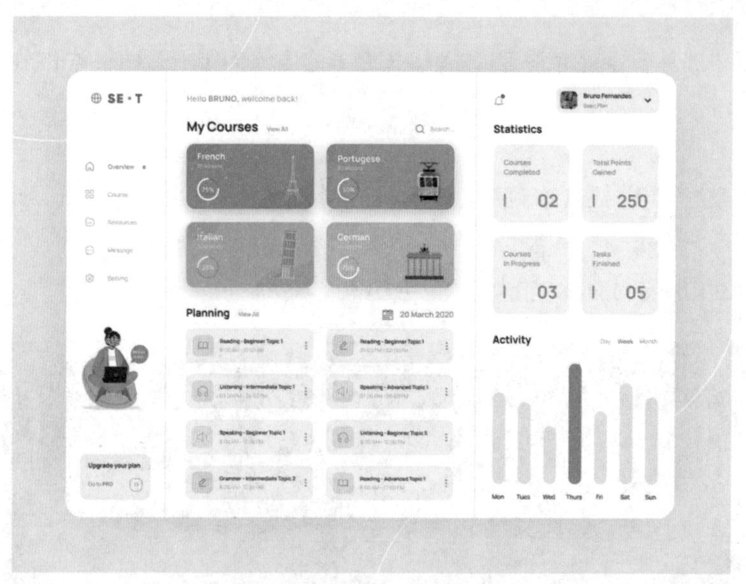

图 5–1　色彩应用 App 设计案例 1

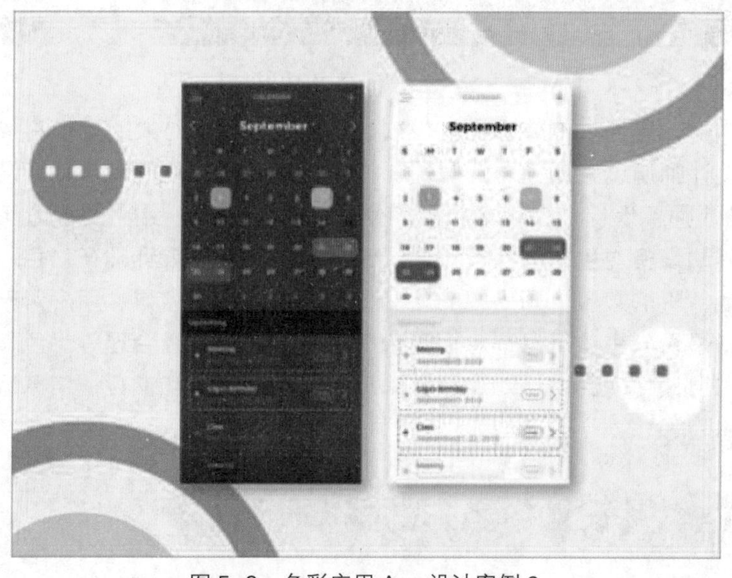

图 5–2　色彩应用 App 设计案例 2

在 UI 设计中，设计师为了掌握配色技巧，通常会做很多关于颜色搭配的训练，例如色相环训练、明度训练、纯度训练等。色相环训练，包括 RGB 色相环和 CMYK 色相环，制作这两种色彩模式的 24 色相环，是初级设计师需要去掌握的。

5.1.1　色彩的色相

色相是色彩展示出来的首要特征，也就是色彩的“相貌”，是色彩之间相互区分的标志。每种色彩最显著的特征是不同波长的色彩被人脑感知出来的结果。通过红、黄、蓝、绿的差异来分辨色彩，并将它们与确切的名称相对应。基本的色相有红、橙、黄、绿、紫、品红，邻近颜色间的相互搭配，是最为有效而简单的搭配方法。

在开始进行设计时，初步将色彩定为两种模式，一种是光的三原色，一种是印刷三原色。在 Photoshop 中，光的三原色用 RGB 表示，印刷三原色用 CMY(再加上黑色 K) 表示。根据两种不同的色彩模式，可以绘制出两种不同的色相环，分别为 RGB 色相环和 CMYK 色相环。这两种色相环的制作是初级设计师在开始进行设计工作时最先要做的色彩训练。

1. RGB 色相环的制作方法

(1) RGB 色相环中的三种基本颜色为红、绿、蓝，这三种颜色是无法通过其他的颜色融合得到的。将这三种颜色放置在等边三角形的三个顶点上，如图 5-3 所示。其中 R、G、B 三种颜色在颜色调整面板中的数值最大为 255，所以将数值分别增加至 255，得到红、绿、蓝三种颜色。

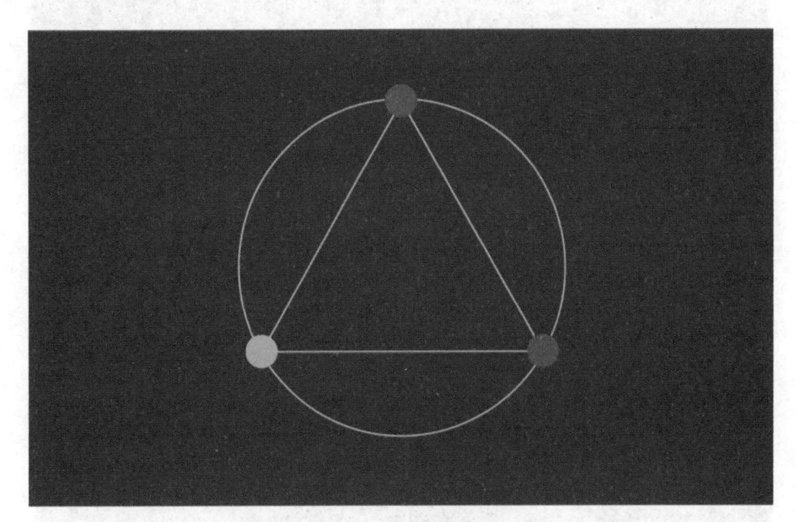

图 5-3　RGB 色相环制作步骤一

(2) 分别将 RGB 数值中的两个数值增加至 255，可以得到两种颜色之间的颜色，如图 5-4 所示。

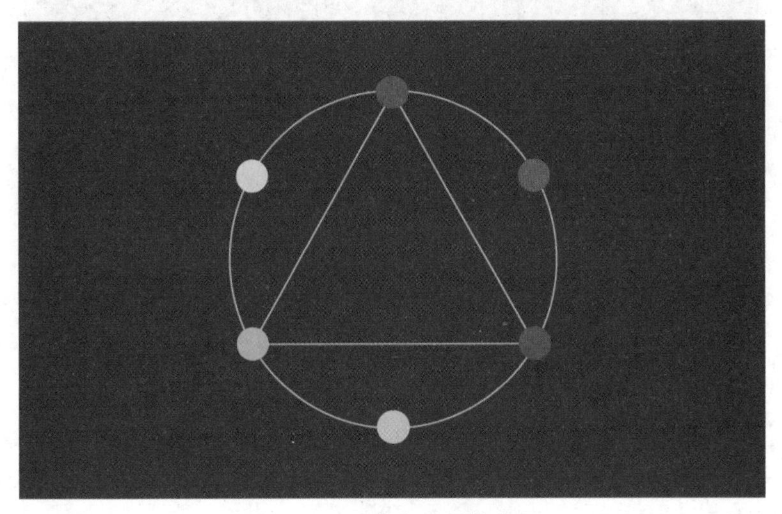

图 5-4　RGB 色相环制作步骤二

(3) 再将颜色数值 255 除以 2 得到近似值 123，填入中间的颜色值内。例如，图中橘黄色的颜色数值为：R=255，G=123，B=0，下方蓝色的颜色数值为：R=0，G=123，B=255，如图 5-5 所示。

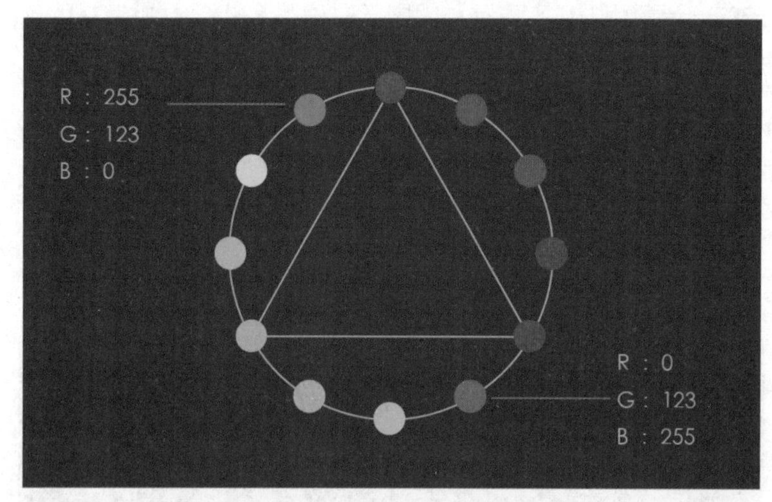

图 5-5　RGB 色相环制作步骤三

(4) 将 255 分别乘以 75% 和 25%，得到数值 191 和 64。根据颜色的不同位置，将数值填入颜色调整面板，具体数值实例如图 5-6 所示。

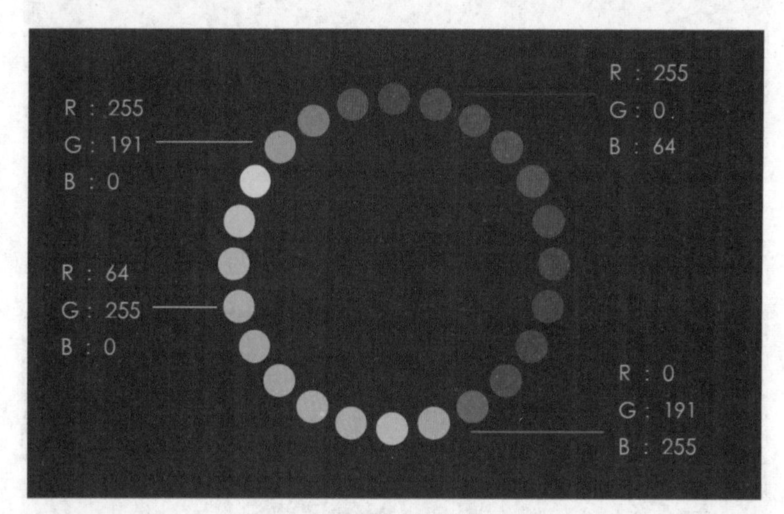

图 5-6　RGB 色相环制作步骤四

2. CMYK 色相环的制作方法

(1) 将 C(青色)、M(品红色)、Y(黄色) 三种颜色放置在等边三角形的三个顶点上，并绘制出一个与等边三角形相同中心的圆形，以便于添加其他色彩，如图 5-7 所示。

(2) 将两种相邻颜色融合，在颜色调整面板中将 CMY 数值分别调整为 100%。其中填入的数值确定之后，由于显示器显示的是 RGB 色彩模式，所以数值会根据 RGB 颜色有所改变，但不会影响训练目的，如图 5-8 所示。

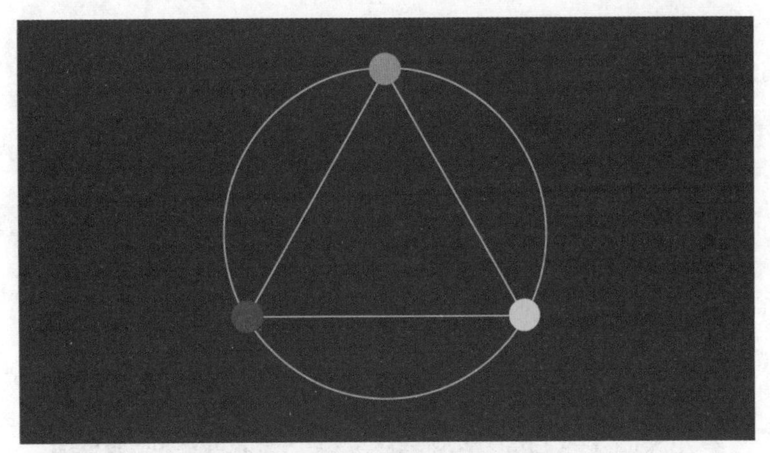

图 5-7　CMYK 色相环制作步骤一

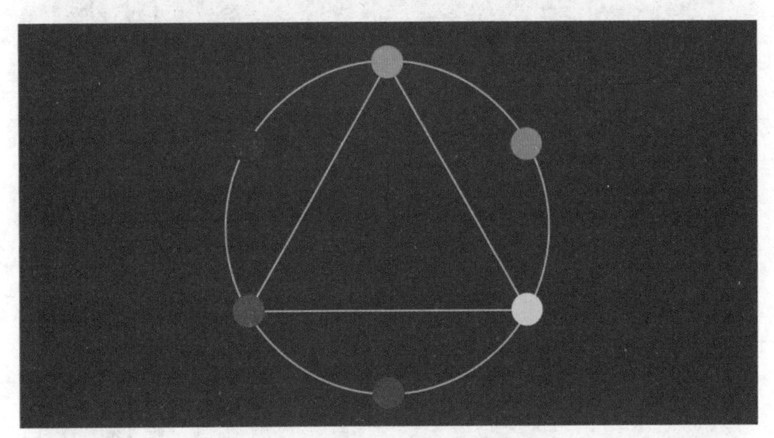

图 5-8　CMYK 色相环制作步骤二

(3) 根据 CMYK 数值调整中间色，例如图中品红色和青色中间的颜色数值为 (C:50%，M:100%，Y:0%，K:0%)，同样其他颜色以此类推。根据颜色的位置，调整数值，得到其他颜色，如图 5-9 所示。

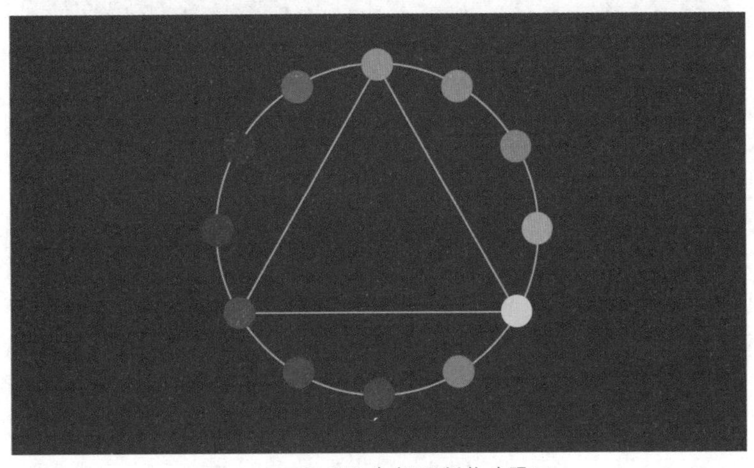

图 5-9　CMYK 色相环制作步骤三

(4) 改变CMYK数值，调出两个颜色中间的颜色，按照25%、25%、75%、100%的实质比例，输入颜色值，调出CMYK色相环。具体数值实例如图5-10所示。

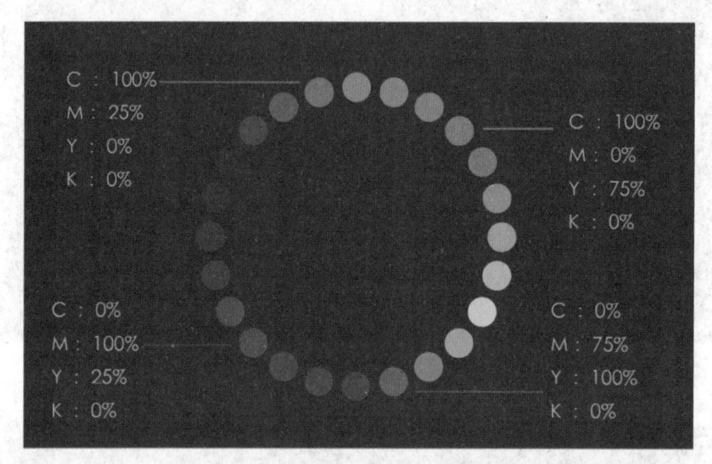

图5-10 CMYK色相环制作步骤四

画色相环不是我们学习的目的，最终的目标是熟悉在两种模式下颜色的位置关系，便于后来学习关于颜色搭配方面的知识。

在熟悉色相环之后，可以将色相环的颜色从色相环中剥离出来，再将颜色按照原有色相环位置填入，如图5-11所示。多次做这样的训练，可以锻炼设计师的色彩感觉和色彩敏感度。

图5-11 CMYK色相环制作步骤五

5.1.2 色彩的纯度

色彩的纯度也就是色彩的鲜艳程度。用户可以通过添加灰色来改变色彩的整体纯度。在Photoshop的拾色板中，S代表纯度，用百分比来表示，左侧的拾色器中横向的改变为色彩纯度的变化。

以红色为例，在颜色从左到右变化的过程中，红色R的数值一直保持255不变，另外两种颜色G和B的数值变化区间是0 ~ 255，由此，可以根据数值的变化进行纯度训练，如图5-12所示。

图 5-12　纯度练习步骤一

将数值 255 分成 8 份，分别调整 G、B 两种颜色的数值，从高到低填入，得到 8 种色相相同、明度不同的颜色，如图 5-13 所示。再将它们的顺序打乱，依次重新排列，填入下面的空白圆形中，如图 5-14 所示。

图 5-13　纯度练习步骤二

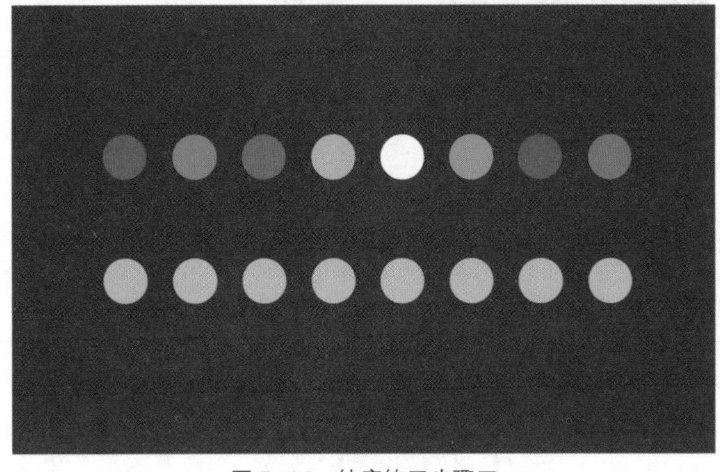

图 5-14　纯度练习步骤三

这样的训练可以使设计师在进行色彩搭配的时候，不再是吸取其他优秀作品的颜色，而是对色彩进行数据分析，了解色彩在数值方面如何控制，从而自发性地去改变和调整设计中所用到的颜色。

5.1.3 色彩的明度

色彩的明度就是指色彩的明暗，是对比最为突出的色彩属性，如果要改变明度时可通过添加黑、白、灰来改变。色彩在设计作品中的作用可以通过调整色彩明度的方式来实现。例如，可以通过将颜色的明度降低，作为设计作品的背景颜色使用。在 Photoshop 的拾色板中，B 代表纯度，用百分比来表示，可以通过上下拖动拾色器中色标的位置，调整色彩的明度大小，如图 5-15 所示。

当 RGB 数值均为 0 时，呈现的颜色是黑色。单独改变 RGB 中的颜色数值，就可以得到 RGB 三原色：红、绿、蓝。通过调整 R 的数值，得到如图 5-16 所示的渐变明度条。同样可以根据数值的变化，将渐变条分为 8 个颜色。

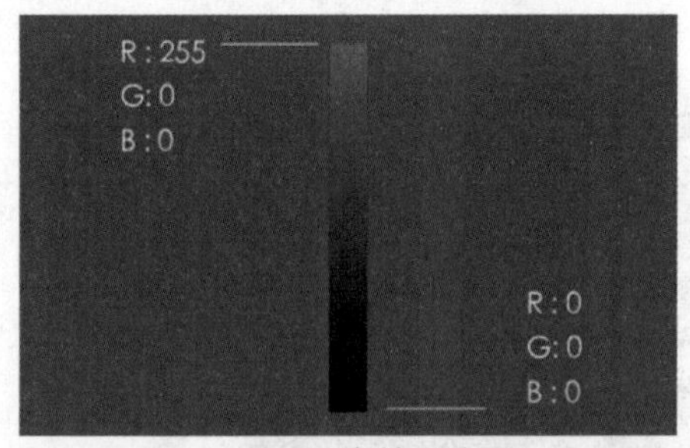

图 5-15　明度练习步骤一

图 5-16　明度练习步骤二

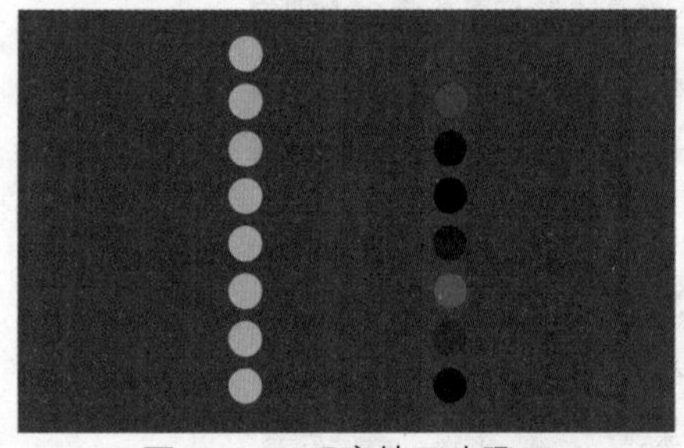
图 5-17　明度练习步骤三

随机打乱 8 个颜色的位置，再将其按照正确的顺序填入灰色的圆形中，可以达到纯度训练的目的，如图 5-17 所示。这一过程同样可以训练设计师对颜色的敏感度，便于设计师之后设计中对颜色的把控和调节，便于更加快速和精准地去选择需要使用的颜色。

5.2 UI 设计中色彩的情感

对于色彩的情感，是人们在长期生活实践中的感受形成的。红、橙、黄色常使人联想到飘扬的旗帜和燃烧的火焰，是令人感到温暖的颜色，所以称之为“暖色”；蓝色常使人联想到科技、蓝天、冰雪，给人以安定、冷淡的感觉，所以称之为“冷色”。黑色、白色等不属于暖色和冷色，故称为“中性色”。

在实际设计中，冷色和暖色的平衡是色彩设计中较基础和广泛的色彩平衡关系。色彩的冷暖是相对而言的，冷色和暖色的搭配符合自然平衡的规律，可以在设计中广泛使用，并且可以规避一些不必要的色彩使用错误。

在 UI 设计中，色彩的应用决定着界面的整体风格和情感表达。色彩的情感应用在 UI 设计中具体表现在图标设计、界面风格和 Banner 等设计元素中。例如，淘宝和支付宝这两个阿里旗下的应用 App，其中淘宝的主色调采用的是橘黄色，支付宝的主色调则为蓝色。两种颜色在色相上属于互补色关系，所表达的情感也有非常明显的差异，橘黄色具有热情、温暖的色彩情感，淘宝这款 App 的功能是买卖商品，而橘黄色的应用可以拉近与用户的距离，给人以亲切、温暖的感觉；蓝色代表冷静、理智、安全的色彩情感，支付宝是为用户提供买卖商品的第三方金融管理平台，理应为用户提供安全、严谨和值得信任的品牌形象。

色彩需要结合很多方面进行分析，由于人类的情感影响，色彩才会拥有众多的特殊属性，而 UI 设计中的色彩是最显著的视觉元素之一。

5.2.1 冷色

通常给人以清爽、清凉感觉的颜色，称之为“冷色”。冷色系是以蓝色为主导的颜色，但是并不是所有的蓝色都是冷色，也并不是其他色相的颜色就没有冷色调的颜色。在色相环的色彩关系中，同一种颜色也可以有两种不同的冷暖色彩倾向，如图 5-18 所示。

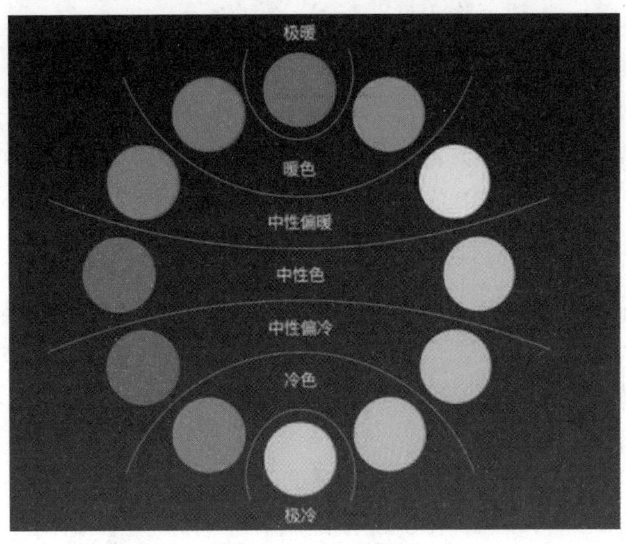

图 5-18　12 色相环

1. 蓝色

蓝色是在现代互联网社会中应用最为广泛的颜色之一。据调查发现，蓝色是男性和女性喜欢程度最高的颜色，也是在使用过程中最安全的颜色之一。在自然界中，蓝色代表着晴朗的天空和蔚蓝的海洋，是人们喜欢的颜色之一。

在 UI 设计中，蓝色是一种广泛且十分实用的色彩，大多数的软件都会采用蓝色作为主色，蓝色会给用户舒适、宁静的感觉，让用户在使用的过程中有一个明朗的心境。图 5-19 是一款旅游类 App，整体色调为蓝色，因为蓝色是充满梦幻的色彩，它始终保持清澈、浪漫的感觉，同时蓝色所传递的情感更加抽象。用户在看到蓝色的公司标志和应用界面时，会产生更加信任的感觉。加以红色或绿色进行点缀，突出重要信息和弹框，可以让用户快速完成订单信息。

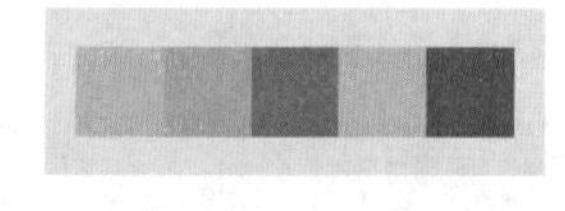

旅游类App

图 5-19　旅游类 UI 配色

2. 紫色

紫色是冷色系颜色之一，非常适合表达奢华和高贵的感觉。在古代西方，紫色是皇家贵族才能使用的颜色，不仅很难提取，而且价格非常昂贵。2018 年，Pantone 将紫色定位为年度流行色，紫色成了时尚界的宠儿，甚至《复仇者联盟》中的灭霸颜色也从蓝灰色变成了紫色形象。Pantone 将紫色定位为 2018 年的流行色其实别有深意，紫外光色可以让人联想到太空，给人们一种神秘的科技感。

在 UI 设计中，紫色通常不会作为 Logo 整体的主色调来使用，一般是充当点缀色出现。紫色还经常会出现在装饰元素当中，突出 App 应用中一些功能的科技感和神秘感，如图 5-20 所示。

3. 绿色

绿色代表着生命、安全、和平。自然界中植物的主要颜色是绿色，所以绿色往往带给人们一种健康、纯天然的色彩感受，通常用于运动、农业、环保、教育等行业。研究表明，绿色有助于缓解压力，缓解视觉疲劳，放松身心，并对一些疾病的治疗也有辅助作用，如图 5-21 所示。在西方，绿色有时是代表嫉妒的颜色，带有一点点负面色彩。在选择绿色作为主体颜色的时候，需要考虑绿色的使用范围和颜色附加属性。

插画音乐类App

图 5-20　插画音乐类 UI 配色

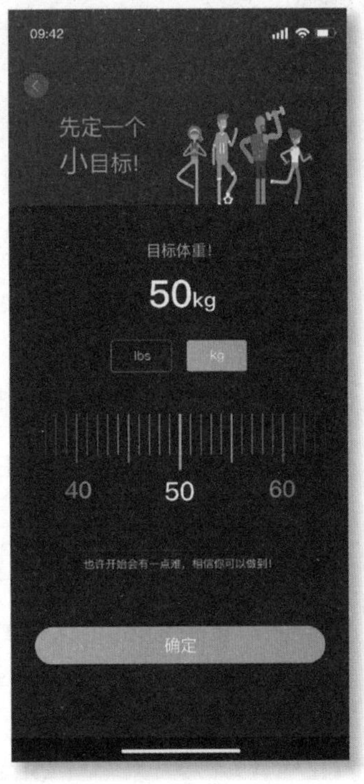

健身类App

图 5-21　健身类 UI 配色

在 UI 设计中，由于绿色的色彩属性，其通常应用于健身、医疗、安全、购物、图书、银行等 App 中。其中，以健身类 App 为例，大多数年轻人都会使用此类 App，而绿色又代表健康、安全，所以将绿色作为点缀色，配合其他的蓝黑色，营造高级、简约的运动氛围。同样使用绿色为主色调的还有宠物类 App，以用户购买了解宠物信息和宠物医院地理位置为主要功能的软件，如图 5-22 所示。以绿色为界面点缀色，用于重点突出信息位置；以白色为主色调，再搭配黑灰的颜色，将整个界面以简约的风格展示给用户。

宠物类App

图 5-22　宠物类 UI 配色

5.2.2 暖色

通常给人以温暖、柔和感觉的颜色，称之为“暖色”。暖色系是指红色、橙色、黄色等，使用暖色系颜色通常会给人亲切的感觉，拉近视觉感觉上的距离。在 UI 设计中，暖色系经常用于美食、娱乐、购物类的 App 当中。

1. 红色

对于中国人来说，红色是具有传统文化特色的颜色，在中国的传统节日、服饰、生活用品等方面应用广泛。同时红色是表现事物时最重要的颜色，有表现健康的效果，也是积极、热情洋溢的颜色。

在 UI 设计中，红色一般用于烘托节日气氛、传递促销信息和突出热点位置等，如图 5-23 所示。红色作为波长较长的颜色，具有警示和提示的作用，通常作为图标的提示角标和组件的标签出现。

红色还可以作为唤醒用户的界面颜色，能够起到提示、警告、标注等标志性主体颜色。

图 5-23　购物类 UI 配色

2. 橙色

随着阳光的照射，自然界中呈现出橙色，例如晚霞、鲜花、水果、太阳等颜色，给人们温暖、健康、温馨、辉煌的感受。在所有色彩中，橙色是最暖的颜色，能够勾起人们的购物欲望和饮食欲望，所以不难发现很多饮食类 App 的 Logo、应用图标和界面的整体风格都会以橙色为主体颜色，最为突出的案例就是外卖类 App。如图 5-24 所示，这款外卖类 App 是以橙色为点缀色，用于强调重要弹框和文字，但并不是一成不变的颜色分布，根据不同界面内容会改变橙色所占比例的大小，必要时会根据不同的店铺活动，将橙色进行向其他色相的偏向改变。

在 UI 设计中，橙色经常应用于购物、团购、外卖等 App 软件中，这样的颜色选择可以调动用户的积极性，暖色系颜色可以拉近与用户的距离，使用户开启愉快的 App 使用过程。橙色还可以应用在与儿童相关的 App 中，作为暖色系中最暖的颜色，可以对儿童产生亲和力。橙色也经常作为 UI 设计中节日弹窗的主色调，起到渲染促销氛围、快速宣传、调动消费者的购买情绪等作用。

3. 黄色

黄色是最为醒目、明亮的颜色。黄色是阳光的颜色，是植物生长和四季变化的自然颜色。黄色是轻快的颜色，与暖色系颜色组合起来，给人温暖、活泼的感觉；与冷色系颜色组合起来，给人清新、明快的感觉；与黑色组合起来，产生强对比的色彩关系，成为提示、警示标志的色彩。

在 UI 设计中，黄色通常伴随着其他暖色系颜色使用，或者以点缀色的身份出现在需要提示、警示和需要用户及时看到的地方。当黄色作为界面的主体颜色时，需要选择明度和纯度较高的黄色，同时需要搭配黑色或深棕色作为点缀色，例如这款音乐类 App，白色作为主体颜色，黄色作为点缀色，主要用于突出标题和音乐框，文字大多采用黑色，这很好地突出了标志和文字及其他功能区，如图 5-25 所示。

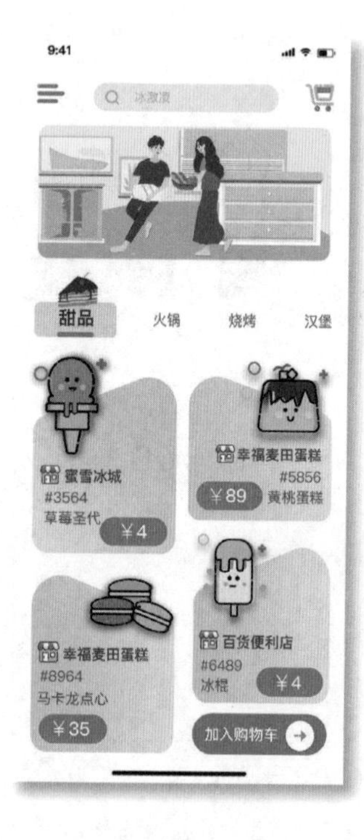

外卖类App

图 5-24　外卖类 UI 配色

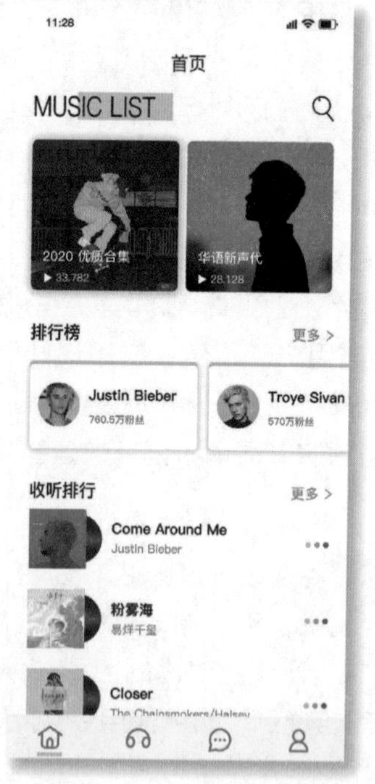

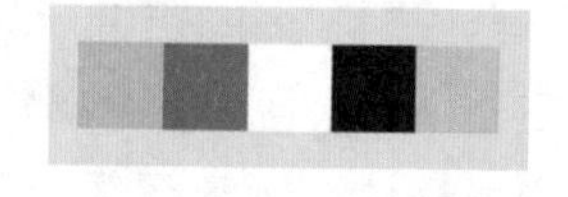

音乐类App

图 5-25　音乐类 UI 配色

5.2.3　中性色

中性色是指黑色、白色及深浅不一的灰色这些无彩色系颜色，它不属于冷色系也不属于暖色系。中性色可以调和画面的颜色，并起到中和画面颜色的作用。

1. 白色

白色是象征纯洁、和平、朴素的颜色，通常作为调和色、点缀色、背景色来使用，可以减弱颜色之间的对比，很好地将其他颜色融合在一起。少量的白色可以在配色中调和各种颜色；而大量的留白可以突出主体元素，为画面增添简约、大气的氛围。

在 UI 设计中，留白是一种非常重要的排版设计风格，在界面设计和 Banner 设计中经常用到，不仅可以突出和强调主体，还可以稳定整体的布局风格，如图 5-26 所示。白色经常作为明亮界面风格的背景颜色，突出强调主体文字和图片。注意不要使用 100% 白色或是平均的白色，用灰色和白色搭配使用，可以为界面增添变化，不会使整体白色过于单一。

图 5-26　家具类 UI 配色

2. 灰色

灰色是介于黑色和白色之间的一种特别的颜色。当灰色和其他色彩搭配使用的时候，往往可以为整体作品增加高雅、成熟的设计风格。若将不同明度的灰色搭配在一起，往往会带来压抑、消极的色彩感受，所以以色彩为点缀色、灰色为主体色的设计作品，就可以打破沉闷、消极的设计效果。纯色的灰度还可以应用于电器、服装、电子产品、奢侈品等商品当中。

在 UI 设计中，灰色多以背景颜色的形式出现，暗色界面的背景例如抖音 App、多闪 App 和其他游戏 App 等均使用灰色。灰色在网页设计中是非常平稳、中立的颜色，能避免颜色使用规范中的错误。以抖音 App 为例，整体界面背景颜色以偏冷的深灰色为主，纯度较高的绿色、红色互补色为辅色，其他纯度较高的颜色为点缀色。整体配色通过灰色和纯度较高的颜色搭配，表现出年轻、活泼和轻松的界面风格。

3. 黑色

黑色是非常经典的色彩，具有重量感和力量感，作为明度最低的中性色，给人庄重、端庄、大气、高端、商务的视觉感受。黑色属于无彩色，与纯度高的色彩搭配可以很好地发挥其属性和特点，还可以稳固重心，突出画面中的视觉重心。黑色与消极的文案放在一起，还会增添消极的气氛和情绪，经常应用在公益海报中。

在 UI 设计中，黑色主要用于文字、Banner 背景、App 标志、角标、标签等元素当中。黑色作为界面中的文字出现是最为常见的了，大多数的 App 软件采用的都是白色背景和黑色文字的表现形式，黑色通常作为标题文字，而灰色通常作为副标题文字。黑色也会出现在手机 App 的 Banner 背景或元素中，通常用于表现高端、大气的宣传氛围。在 App 标志中，黑色的使用范围偏向于小众、高端、年轻的受众群体。角标和标签这些元素在使用黑色的时候会加入粉色、白色等其他辅助颜色，来提高角标和标签的对比度，增加对用户的吸引效果，如图 5-27 所示。

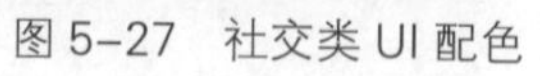

图 5-27　社交类 UI 配色

5.3 UI 设计中色彩的搭配技巧

室内设计中有一个经典的配色原则，那就是 631 原则，指的是在室内设计中，主色调、辅助色和强调色的占比分别为 60%、30%、10%。

在 UI 设计中，也可以应用这一配色原则，通过色彩情感和产品调性决定界面的主体颜色，占据 60% 的色彩比例；根据所要表现的风格选择与主体色相关的颜色为辅助色，占据 30% 的色彩比例；再选择醒目的颜色，同样需要考虑与主色的关系，确定强调色，占据 10% 的色彩比例。定好主色调后该如何选择辅助色和点缀色，那就要参考色彩的关系搭配了。色彩之间的关系有对比色、近似色、同类色、互补色和中差色这几种色彩关系。

1. 对比色

根据“红、橙、黄、绿、蓝、紫、品红”的基本色相，以及色相环的展示，可以知道，红色和绿色、橙色和蓝色、黄色和紫色，这些在色相环上大约距离 120° 左右的颜色，由于较大的色彩差异，所以更容易产生较为强烈的视觉效果。对比色不同于互补色，没有互补色强烈的对比度，对比度较弱一些，可以广泛地应用于促销 Banner、App 应用和宣传弹窗当中，如图 5-28 所示。

图 5-28 对比色在 Banner 中的应用案例

2. 近似色

近似色就是在色相环上相隔 45° 左右的颜色，色彩对比较弱，但呈现效果强于同类色，形成的配色更偏向于统一、和谐的配色方式。近似色由于对比较弱，通常作为互相的辅助色出现，这样在界面中，两种颜色不会产生较大的对比冲突使画面混乱，反而会使整体界面的色彩保持整体感，显得整洁、严谨，充满秩序和节奏，如图 5-29 所示。

图 5-29 近似色在 Banner 中的应用案例

3. 同类色

同类色是指色相环上互为相邻的两种颜色，它们之间的整体色彩对比较弱。同类色的色相相似，是色相环中相差 15° 夹角的颜色。

在 UI 设计中，由于同类色的颜色十分相近，经常会出现在 Banner 装饰当中。Banner 需要将所要传递的信息清楚、快速且合理地传递给用户。Banner 经常会使用色彩艳丽，并且富有动感的渐变颜色作为背景或装饰元素。其中很多渐变颜色使用的就是同类色搭配，这样可以在不影响整体色调的情况下，制作出绚丽的渐变效果，经常应用于淘宝、京东、网易考拉等电商平台促销活动当中，如图 5-30 所示。

图 5-30　同类色在 Banner 中的应用案例

4. 互补色

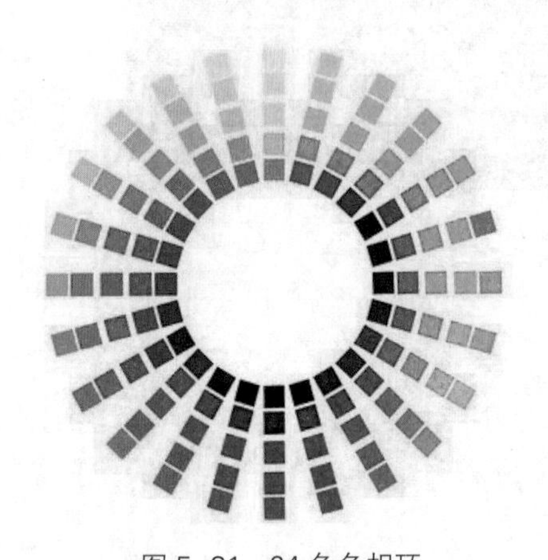

图 5-31　24 色色相环

奥斯特瓦尔德颜色系统的基本色相为黄、橙、红、紫、蓝、蓝绿、绿、黄绿这 8 个主要色相，每个基本色相又分为 3 个部分，组成 24 种颜色的色相环，如图 5-31 所示。在 24 色色相环中彼此相隔 12 个数位或者 180° 的两个色相，均是补色关系。互补色是对比最为强烈的两个对色，在色相环上距离为 180° 的颜色是对比最强的色相关系，等量的互补色搭配起来会给人一种相当强烈的刺激感，让人印象深刻、情感浓烈，适合用在夸张、激烈或有强烈色彩情感的设计题材当中。而非特殊题材使用互补颜色，可能由于过于强烈的色彩情感，使接受人群感到不适、不安或者其他情绪。

在 UI 设计中可以根据需要，通过如下两种方式进行适当调整。

(1) 适当调整互补色的使用面积大小，减小一方颜色的面积，使其变为点缀功能，而另一方颜色作为主导颜色，控制整体画面。

(2) 减弱一方的明度或彩度，减少两种颜色产生的视觉冲突，根据作品的风格，偏向于一方颜色为主导颜色，控制整体画面。

在 UI 设计中，互补色通常应用于需要提示或警示用户的地方，通过强烈的对比，抓住用户的视线。互补色通常应用在按钮、弹窗及宣传元素当中。抖音这款 App 中以红、绿互补色为主要的品牌颜色，面向年轻的受众群体，通过动感、活泼的色彩，将轻松、快乐的体验感受传递给用户，如图 5-32 所示。

图 5-32　“抖音”网站中的互补色配色

5. 中差色

中差色是指在色相环上距离为 90° 的颜色，是较为中性的色彩对比颜色，既能够丰富色彩结构，又能调整画面的统一性。

通常在 UI 设计中，选取主色调后，选择对比色为辅助色，互补色为点缀色，其他同类色和近似色作为界面的补充颜色和装饰颜色。其中黑、白两种颜色不纳入主体色、辅助色和点缀色，如图 5-33 所示。

图 5-33　Banner 案例

5.4　UI 设计中的配色规范

在 UI 设计中，好的配色会提升产品的使用体验，提高用户的使用效率，降低时间成本，使用户流畅、舒适并且无障碍地完成一次产品的使用过程；相反，配色如果有问题，会大大影响用户对产品的体验，糟糕的配色不仅影响用户的使用方式，而且可能造成不必要的错误，例如需要用颜色重点突出的部分未突出，需要统一风格形成整体的部分被影响，需要隐藏或提示的部分过于突出等。由于配色的不规范，可能造成用户在产品使用过程中的不适，严重的会影响产品的体验，甚至会造成客户流失等问题。

在设计中有三色搭配规律，只要控制在不超出三种色相的范围即可，并不是大家字面上理解的可以用三种颜色，而指的是不超过三种色相的搭配。采用相同色相的颜色，在明度和饱和度方面进行色彩的调整和搭配，可以使画面更加丰富，同时又不会导致视觉上的混乱，使整个画面和谐、统一。

作为 UI 设计师，在对色彩进行选择配色的时候，首先要考虑的并不是色彩理论，也不是配色技法，而是色彩定位，也就是要弄清楚设计的对象是谁？产品的使用对象有哪些特征？产品对使用对象有没有特定的要求？因为只有准确地抓住受众群体的喜好和关注点，才能更好地选择产品的配色方案，才能让配色发挥出最好的效果。

配色的定位方法可以从产品受众的性别、产品受众的年龄和产品受众的消费观念这三个角度出发。

1. 产品受众的性别

产品受众的性别无非就是男性和女性对色彩的感受。对于无彩色来说，男性通常更喜欢黑色和灰色，而女性更喜欢黑色和白色。对于有彩色来说，男性通常更喜欢蓝色和褐色，女性更喜欢红色、橙色、黄色和紫色，而男性和女性都很喜欢的颜色是绿色和青色。

2. 产品受众的年龄

根据产品受众的年龄考虑配色的定位方法，从年龄上划分大致可分为 5 个阶段，分别是儿童阶段、少年阶段、青年阶段、中年阶段和老年阶段。不同年龄的喜好在色相上并不好划分，但是可以从纯度和明度的角度进行选择。

首先，儿童阶段的受众通常喜欢明度高、纯度较高或者适中的配色组合；其次，少年阶段的受众通常喜欢明度较高、纯度适中或者偏低的色彩；然后，青年阶段的受众通常倾向于明度和纯度都适中或较低的色彩；之后，中年阶段的受众更偏向于明度和纯度都偏低的色彩组合；最后，老年阶段的受众就是喜欢纯度和明度都非常低的色彩了。

对于无彩色来说，白色是所有年龄段都适用的颜色，黑色和灰色除了儿童以外都适用。在通过产品受众的年龄阶段划分配色方法的过程中，只能根据大致的年龄阶段划分大概的配色属性，在各个年龄的过渡阶段，还需要结合具体的实际受众人群和其他外界因素进行综合考虑。具体的实际配色应用，还需要设计者根据具体情况进行细致的分析。

3. 产品受众的消费观念

根据受众的消费观念选择配色方法。所谓不同的消费观念，大致分为两种：一种是追求经济实惠，另一种是追求高端品质。我们在选择配色方法的时候，如果能够确定受众群体，就可以根据受众群体的消费观念来选择配色方案。

针对追求经济实惠的消费群体，要在追求视觉美观的同时，也要考虑廉价感的体现，所以采用的颜色也是选择有彩色、色彩鲜艳复杂、纯度和明度较高等特点；追求高端品质的消费群体在追求高档的同时，也需要考虑画面的质感，通常使用无彩色，并且色彩的使用数量较少，纯度和明度都非常低。

在这里需要注意的是，这些根据受众的属性分析色彩倾向搭配是针对大多数人的，并不排除特殊的情况，对于有小众喜好的特殊产品的配色要求，还是需要根据受众人群进行特殊处理和分析。

5.5 实践案例

在 UI 设计配色实践中，要遵循前面提到的颜色基本原理和配色技巧，按照单色配色、同色系配色、撞色配色和混色配色的顺序逐步增加配色的难度。

5.5.1 暖色风格

如图 5-34 所示，暖色风格主要采用了色相环中红色附近的颜色作为配色的主要颜色，一般适合制作节日、庆典和欢乐气氛等界面的配色。如图 5-35 所示，配合卡通图案和卡通风格的图标，使界面看起来更加生动有趣。

图 5-34　暖色风格的色彩主题应用 1

图 5-35　暖色风格的色彩主题应用 2

5.5.2 灰色风格

灰色风格并不是简单意义上的纯灰色配色，而是指在原有色调基础上降低颜色的饱和度，使画面看起来更加稳重、和谐，现在流行的“莫兰迪”色其实就是灰色风格的一种。如图 5-36 所示，画面整体配色降低了颜色的纯度，使颜色不至于过于跳跃，带来一种稳定的感觉，而且针对手机等设备发光的特性，让用户使用界面时也不会过于刺眼。

图 5-36　灰色风格的色彩主题应用

5.5.3 果色风格

果色风格，其实就是以常见的水果颜色作为基本配色的风格，主要适合年轻人使用的主题或者 App 界面设计，给用户带来轻松和活泼等感受。如图 5-37 所示，香蕉“黄”和草莓“粉”的使用让界面看起来更加生动、有趣。

图 5-37　果色风格的色彩主题应用

5.5.4　浅糖果色风格

浅糖果色是果色风格和灰色风格相结合的一种特殊配色风格，首先利用了果色风格中颜色鲜亮的特点，然后采用灰色风格的配色原理，降低了颜色的纯度。如图 5–38 所示，使画面更加稳重，不至于太跳跃。

5.5.5　深糖果色风格

深糖果色风格是在浅糖果色风格的基础上进一步加深颜色，如图 5–39 所示。类似巧克力的糖果色可以用来表达感情和爱意类型的主题界面。

图 5–38　浅糖果色风格的色彩主题应用

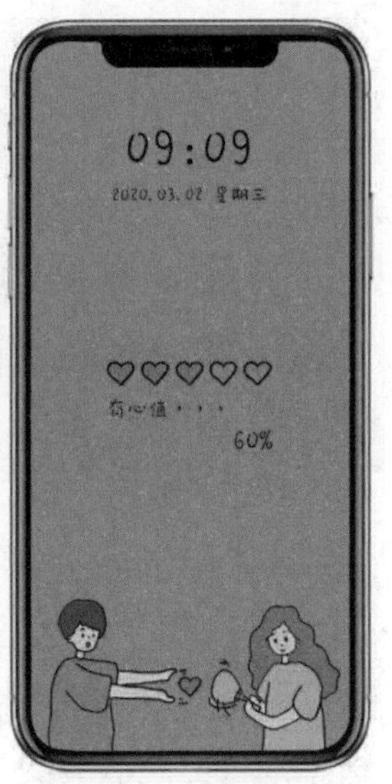

图 5–39　深糖果色风格的色彩主题应用

5.5.6　白色风格

白色在 UI 设计中一般不作为一种颜色来考虑配色，但是白色又属于百搭配色，只要搭配的颜色不太难看，都可以呈现出不错的效果。如图 5–40 所示为白色配色方案，要注意其他颜色的纯度和明度等特征，并且注意面积的比例关系，也就是通常所说的“留白”。

图 5-40　白色风格的色彩主题应用

5.5.7　深色风格

深色风格是与白色风格相对应的一种配色，由于现在所有主题和 App 的设计中都要求具备深色模式，所以其作为一种开发刚需，越来越受重视。如图 5-41 所示，大面积深色的背景，辅助浅色的文字和图案，可以带来一种科技和深邃感。

图 5-41　纯深色风格的色彩主题应用

如图 5-42 所示，在大面积深色背景下，辅助以撞色设计的图标和图案，也可以使界面看起来更加生动。

图 5-42　带有撞色设计的深色风格的色彩主题应用

5.5.8　炫彩风格

炫彩风格如其字面意思，就是采用纯度较高，明度各异的不同颜色进行对比和混合的配色方式，也是目前最流行的配色方式之一。炫彩风格的配色方式，对于设计师的色彩感觉要求很高。如图 5-43 所示，搭配舒服的炫彩配色，会给主题带来较强的科技感。如图 5-44 所示，采用不同的表现技法，辅助以炫彩配色方式，也能带来不一样的配色感受。

图 5-43　炫彩风格的色彩主题应用 1

图 5-44　炫彩风格的色彩主题应用 2

第 6 章　UI 设计中字体的应用与实践案例

本章概述：

本章主要讲述基于 UI 的字体设计原理，对常见的字体设计方法进行分析和研究，并总结出适合 UI 使用的常用字体设计方法。

教学目标：

通过对本章的学习，让读者了解字体设计的流程，掌握基本的设计方法。

本章要点：

字体设计与 UI 整体风格的一致性。

字体除了是一种传递信息的媒介，其本身也是一种符号、一种图案。信息传达和符号传达是字体设计的两大特性，这样的特性使其具备一定的设计性。在 UI 设计中使用了合适的字体，可在美化界面的同时加速人们对文本信息的理解，从而提升界面的可辨性。

6.1　UI 设计中的字体分类

UI 设计中字体的选择，可对界面中的文本内容和排版起到很强的引导作用，也可以起到引导用户视觉重心的作用。根据字体信息传达和符号传达的特性，可以分为系统字体和美工字体。

系统字体是指在 UI 中用于传递信息的字体，不管是 iOS 系统，还是安卓系统，都有其标准字体，这部分字体的应用只需要遵循设计规范和版式设计原则即可。部分第三方安卓系统支持手机界面的主题更换，同时也可以更换系统默认字体。设计师在处理这部分内容的时候，就需要注意字体是否与整体风格统一，以及字体是否拥有版权。

美工字体是指在 UI 中用于装饰或提高整体美观度的字体，这部分字体不再受限于标准字体和设计规范，也是设计师可以发挥其设计能力的一种很好的体现。优秀的美工字体设计不仅可以让 UI 更加美观，也可以提高整体产品品牌的形象。

6.1.1　西文字体的分类

西文字体总体分为五类，其中衬线和无衬线字体是较为常见的两个类别。而衬线字体本身又可以分成三个小类别。

1. 衬线体（Serif Typeface）

衬线体是指笔画末端附加有爪状装饰的“衬线”字体，如图 6-1 所示。添加衬线的目的不是为了美观，而是为了在早期的刻字模板印刷中增加文字的辨识度，同时也避免出现磨损的情况。在阅读时，衬线也有助于水平方向的视线移动，这样读者即使在阅读大段文字时也不会为眼睛增加负担。

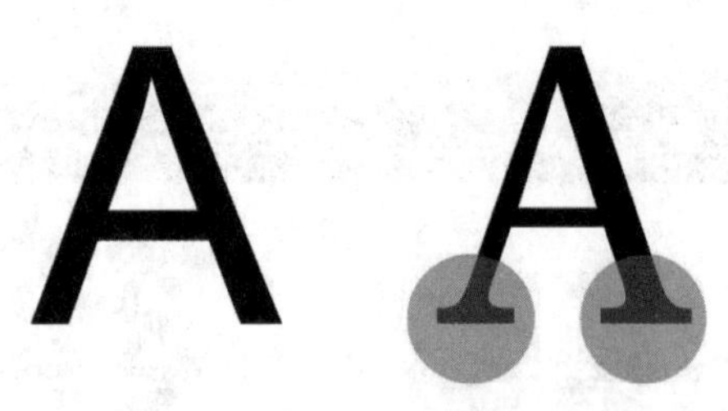

图 6-1　非衬线体与衬线体的区别

衬线体的三个分类：

括弧型衬线指带有缓和、柔软曲线的衬线，也称作老式罗马正体，如图 6-2 所示。

图 6-2　括弧型衬线体

极细型衬线指具有细笔画的衬线，也称作罗马正体，如图 6-3 所示。

图 6-3　极细型衬线体

粗衬线指四方形粗壮的衬线，其功能更加接近传统的书本类型字体，有较强的辨识度，如图 6-4 所示。

图 6-4　粗衬线体

2. 无衬线体（Sanserif Typeface）

如图 6-5 所示，无衬线体是指西文字体中没有衬线的字体，没有了衬线后，字体少了繁复的装饰，展示效果更加直接，给人一种一目了然的感觉，显得非常“干净”。无衬线体不像衬线体那样给人一种严肃的感觉，取而代之的是一种休闲放松的感觉。随着人们生活水平的提高和流行趋势的变化，无衬线体越来越受到人们的喜爱，因为无衬线体本身就带有一种“极简”的气质。

Sanserif Typeface

图 6-5　无衬线体

3. 手写体（Script Typeface）

如图 6-6 所示，手写体是一种极度风格化的字体，是指那些为了表现手写风格而设计的字体，这类字体的实用功能往往并不重要，最主要的还是其装饰功能。

Script Typeface

图 6-6　手写体

4. 黑体（Blackletter Typeface）

如图 6-7 所示，黑体又称为哥特体，区别于中文字体中的黑体，这种西文字体的命名是由于其在英语中叫作 Black Letter，因为在古代印刷这种字体时黑度很大。这种字体曾经主要用于中世纪阿尔卑斯山脉以北地区，有时也被称作“破笔字体”，是一种风格化的字体。

Blackletter Typeface

图 6-7　黑体

5. 意大利斜体（Italic Typeface）

如图 6-8 所示，意大利斜体是诞生于意大利威尼斯的一种斜体字，其最初的目的是在页面中排列下更多的文字，以此减少篇幅，是一种偏向手写风格的字体。

Italic Typeface

图 6-8　意大利斜体

6.1.2 中文字体的分类

对中文字体按衬线区分的话，也可以分为衬线体和无衬线体，一般将中文字体中的衬线体称为“白体字”，例如宋体、仿宋体；无衬线体称为“黑体字”，例如楷体、黑体。

1. 宋体

如图 6-9 所示，宋体是一种衬线字体，华丽的同时也十分工整，不同部分笔画的粗细有所不同，结构饱满，会给人一种严肃、正经的感觉，字形则给人一种纤细、秀气的感觉。宋体既适用于印刷刻板，也适用于阅读的需要，所以该字体一直沿用至今。

图 6-9　宋体

2. 仿宋体

如图 6-10 所示，仿宋体是一种采用宋体结构、楷书笔画的较为清秀挺拔的字体，笔画横竖粗细均匀，常用于排印副标题、诗词短文、批注、引文等，在一些读物中也用来排印正文部分。

图 6-10　仿宋体

3. 楷体

如图 6-11 所示，楷体是书法字体中的标准字体，楷体字体就是模仿软笔手写而来的，是最接近手写体的一种字体。柔软而富有弹性的末端给人一种放松自然的感觉，分明的笔画提高了文字的可读性，通常运用于新闻类杂志的刊头、儿童类图书的内容和图书中的说明文字等。

楷体

图 6-11　楷体

4. 黑体

如图 6-12 所示，中文字体中的黑体是现代字体，是一种无衬线字体，无字脚，结构方正，每一个笔画都十分均匀，给人一种时尚、简约的感觉。

黑体

图 6–12　黑体

6.2 UI 设计中的字体推荐

对于 UI 设计中的字体，需要按照系统字体和美工字体进行区分，所采用的设计思路和方式也有很大的区别。

6.2.1 UI 设计中的系统字体

在了解 UI 设计中的系统字体之前，需要先了解两个问题，第一个是 UI 中系统字体的发展；第二个是 UI 中系统字体的作用。

1. UI 中系统字体的发展

在 UI 发展初期，由于受屏幕分辨率的影响，通常是采用像素的方式进行字体设计的，图 6–13 是宋体 16px 的字体在目前显示器和早期显示器上的不同显示方式，左边在显示过程中会对字体进行视觉上的优化，使其看起来更加柔和、平滑；右边由于分辨率的原因，字体只能以像素方式显示，保证字体的清晰。

所以，宋体一直是 Windows 操作系统下早期 UI 设计的标准字体，直到 2006 年 Windows Vista 系统的发布，微软雅黑才成为微软全系产品的标准字体，一直沿用至今，如图 6–14 所示。

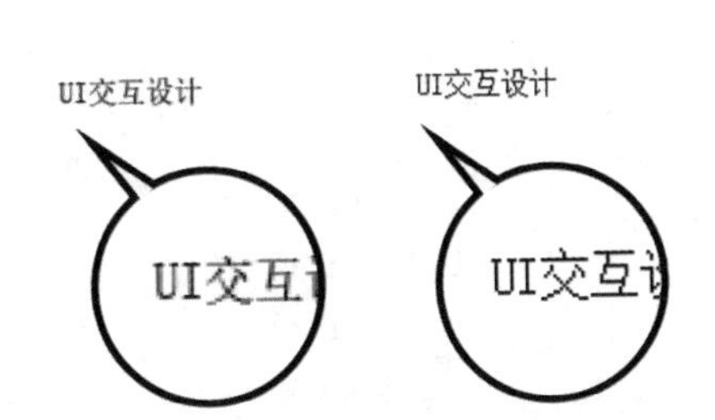

图 6–13　宋体的不同显示方式

微软雅黑 Bold
微软雅黑 Regular
微软雅黑 Light

图 6–14　微软雅黑字体及其不同字重

iPhone 第一代手机于 2007 年发布，其最早采用的是华文细黑和 Helvetica，后来采用的是苹方和 San Francisco，如图 6–15 所示。

苹方 Heavy
苹方 Bold
华文细黑　苹方 Medium
Helvetica　苹方 Regular
苹方 Light
苹方 ExtraLight

图 6-15　早期的华文细黑和 Helvetica，后来的苹方字体及其不同字重

2. UI 中系统字体的作用

从 UI 中系统字体的发展不难发现，从微软公司采用微软雅黑作为系统字体以后，所有的系统字体，包括华文细黑、苹方等，以及后来出现的免费商用字体思源黑体和阿里巴巴普惠体等，都属于非衬线体。

这里就要结合前面的内容，强调 UI 设计的根本——用户体验。系统字体的作用是要最大限度地增强用户在使用 UI 时的阅读性，也就是说字体的应用需要考虑用户对于信息传达的感受。

比如苹果公司早期使用的 Helvetica 字体在小字体上的表现力偏弱。为了更好地适应 Apple Watch 的小屏幕，苹果公司自己研发了 San Francisco 字体，并在随后的 iOS 9 和 El Capitan 系统进行全平台推广，彻底取代了 Helvetica Neue，如图 6-16 所示。

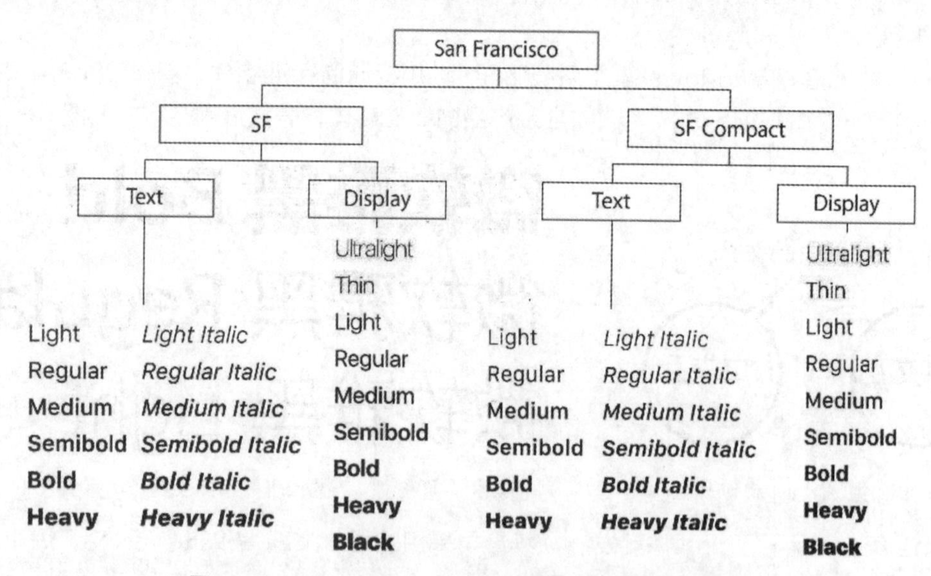

图 6-16　San Francisco 字体的应用范围及其不同字重

大部分 UI 用的字体，都有"字重"的概念，即同一种字体下，有着不同粗细的字体供设计师选用。这里需要特别注意的是，很多设计师习惯了使用一些文档编辑软件里面的"加粗"功能，在网页

端开发的时候也有 Bold 的字体选择方式，那么这需要设计师确定当前选用字体确实有 Bold 的字重，如果没有就不要使用，而且即使真的要选用更粗或更细的字体，也一定要在字重中进行选择。

所以，在选用系统字体时，设计师务必遵循所开发平台的设计规范，即使在设计规范内容以外的字体上，也要把用户的阅读性作为重要的标准，谨慎使用字体。

6.2.2 UI 设计中的美工字体

美工字体又称为美术字体、创意字体，从字面意义上就是指在字体原则基础上进行美术加工和设计过的字体。相比于专业性更强的传统印刷字体设计来说，美工字体设计只需将特定的某几个字或某几句话进行笔画的重新整合与创新，因此工作量会比做一套字库要轻松得多。但不同于传统印刷字体的是需要在创意上花费更多的时间，让文字的震撼力和感染力变得更强，需要不断地进行思考与推敲。

美工字体除了具有信息传达的基本功能外，其最大的作用在于符号化和增加美观度。图 6-17 是豆瓣 FM 6.0 的更新欢迎页，中间 6 的字体设计，既简洁明了地突出了新版本，又传达了新版本的设计风格和理念。

图 6-17　豆瓣 FM 新版本欢迎页字体设计

美工字体的设计方法多种多样，但是万变不离其宗的是，必须从设计开始时就注重字体设计是否与产品整体风格和谐统一，字体设计是否能起到信息传达的作用。

UI 设计中任何一个门类的设计能力，都是通过大量的练习进行积累，尤其是字体设计，没有任何捷径可循。

6.2.3 UI 设计中的免费字体

无论是系统字体的选用还是美工字体的设计与创作，设计师都需要明确的是字体版权的重要性，一套字体设计所包含的工作量是一般设计无法比较的。有很多设计师都会拿已有的字体，对其进行边角构建或细节的改变，然后就形成了一个“新”的字体，这个在学习阶段不失为一个好的办法，但是如果用于成熟的商业产品中，那么这是万万不可取的，这是一个 UI 设计师不可触碰的红线。

1. 方正系列

方正系列中的方正黑体、方正书宋、方正仿宋和方正楷体 4 款字体是可以被免费使用的，但是需要在使用前获得书面授权。

2. 思源系列

思源系列字体是 Google 和 Adobe 合作开发的开源字体。常用的思源字体包含思源黑体和思源宋体等，这些字体对于平时制作商务型风格的 PPT 来说完全够用，不但字符集全，还有多种字重可以选择。

3. 阿里巴巴普惠体

阿里巴巴普惠体共收录了 5 个字重，开放商业授权给所有个人和商家，所有用户都可以免费使用。

市面上还有很多字体，都属于全免费或部分免费（全免费指可以完全用于商用，部分免费指限平台免费）。设计师在使用前务必查阅相关的版权信息，确定无版权争议后再行使用。

另外需要特别注意的是，虽然很多 UI 专用字体针对其平台是免费的，但是也要注意其版权及用途。例如微软雅黑字体，如果涉及在微软平台内进行的产品开发，那么字体使用是免费的。设计师将该字体用于其他类型时，就要注意版权问题。

6.3 UI 设计中字体的设计方法

UI 字体设计与传统字体设计的理论基础是一致的，差别在于 UI 字体设计更需要考虑字体的识别性，字体单纯美观或者过度修饰，在 UI 设计中并不一定可以起到好的效果。

6.3.1 UI 设计中字体的设计原则

区别于传统字体设计，UI 设计中的字体设计需要遵循可读性、适度性和灵活性三个原则。

1. 可读性

文字最主要的功能就是传递信息，所以可读性是 UI 设计中字体首先需要考虑的因素，汉字的笔画、字母的轮廓必须能够轻松地被用户识别，必须要清晰可辨。如图 6–18 所示，经典的西文字体 Helvetica 就有部分字母辨识度较差的问题，其字母 i 的大写与字母 L 的小写就过于相似，这也是苹果公司不再使用该字体的主要原因之一。

Illness

图 6–18　大写的 i 和 l 容易混淆

2. 适度性

UI 中的文字是传递信息的载体，在视觉设计上不应该为用户的认知添加负担，而应该使内容和信息成为真正的关注点，所以一套优秀的 UI 字体应该是简洁而和谐的。例如很多安卓的第三方主题市场，设计了很多风格化的主题，并采用了风格化的字体。用户在短时间内因为其独特的风格进行选择，但这样的字体缺乏生命力，也不是 UI 设计持续化发展的方向。

3. 灵活性

界面中的字体应当具有灵活性，在被不同用户使用时，无法掌控的是用户的能力、内容、浏览器、屏幕尺寸、网络速度及输入法的选择，所以选择的字体要有一定的适应性。例如在网页设计中，CSS 3 的新标准允许设计师通过屏幕宽高的百分比来定义字体的高度，这就要求系统默认的字体要具备较强的适应性。

6.3.2　UI 设计中字体的设计流程

在明确了 UI 设计中的字体设计原则后，就可以开始设计字体，UI 设计中的字体设计方法和传统字体设计方法是相同的，都需要通过网格确定、字体选择、间架结构设计、笔画设计和特殊变形 5 个步骤来完成。

1. 网格确定

设计师在开始字体设计之前，需要根据字体的用途和风格，确定网格的宽高比、字间距和行间距等，这个步骤类似传统书法中的“米字格”的设定。

宽高比是决定字体字形的要素之一，常规字体设计的宽高比都采用了黄金分割比例 0.618 左右。也可以根据具体的要求调整比例，如仿宋体多用于图纸中的标注，它的字形就更加瘦高一些；微软雅黑多用于 UI 中的文字，它的字形就更加矮方一些。

字符的间距和字符内部的空间都是影响字体可读性的重要因素。字符若是距离太近，在阅读时就会很费劲；字符若是距离太远，又会影响阅读的顺序。字体设计必须控制字符的间距，确保视觉上的“透气性”。

图 6–19 是在字体设计中提前绘制的网格，网格与水平呈 80° 夹角，以 a 为单位划分网格。

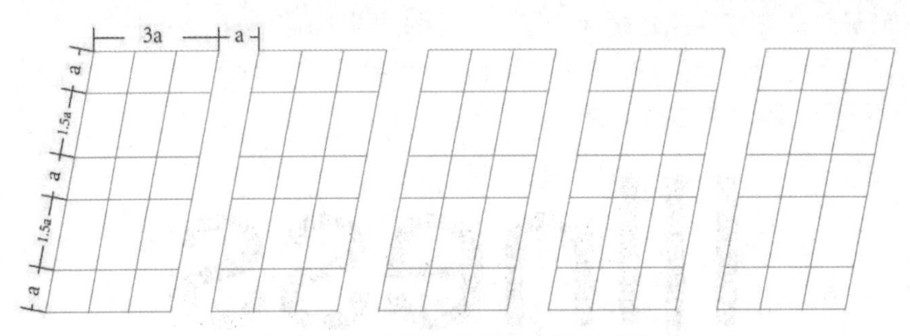

图 6-19　字体设计前需要制定网格

2. 字体选择

常见的宋体、黑体和楷体等字体，都有比较明显的字体特征。在设计开始的时候，设计师就要确定基础字体选用哪种字体类型。例如宋体属于比较规整的字体，“横平竖直，撇有尖，捺有角”，字体横向或竖向的笔画宽度相同，或者竖向笔画宽度大于横向笔画宽度，在起笔时下方有尖角顿点，落笔时上方有尖角顿点，落笔的顿点大于起笔；黑体的基本特征和宋体一样，字体横向或竖向的笔画宽度相同，横细竖粗，区别在于起笔和落笔都会延伸带有弧度的尖角，并且在处理撇和捺的时候，落笔粗细要大于起笔粗细。

正因为不同字体有着不同的字体特征，所以才拥有较强的识别性，在 UI 字体设计中，也要归纳并规范一定的字体特征，并且指导和贯穿全部的字体设计阶段。

如图 6-20 所示，设计师可以基于网格先将字体的网格进行填充，根据未来字体的字形，先从非衬线体开始设计。

图 6-20　在网格基础上确定字体风格

3. 间架结构设计

汉字是由笔画构成的。间架结构是指笔画搭配、排列、组合成字的形式和规律。不同的字体有着不同的间架结构，但是其原理都是相通的，都是经过时间的积累并且不断完善而形成的。在间架结构的设计过程中，原则上一定不能违背传统字体的间架结构设计原则。

如图 6-21 所示，在原有字体的基础上，完成字体间架结构的设计和风格的确定，这里采用了衬线体的变焦风格处理。

4. 笔画设计

完成前面三步工作以后，就可以进入笔画设计阶段。笔画设计是决定字体风格的最关键因素。设计师也会根据不同字体的风格和设计需求，对笔画进行风格化设计。笔画设计仍然需要遵循间架结构原则，并且可以适当地对笔画进行变化和重组。

图 6-21　确定字体的间架结构

如图 6-22 所示，根据风格定位，对笔画的特征和字体比例进行调整，如 R 字母的右下角笔画放弃了原有的特征，而是采用了更加稳重的造型；如 R 和 B 字母的上下分割，原有上大下小不够均衡，将其上移完成字体设计。

图 6-22　对字体的笔画进行优化

5. 特殊变形

特殊变形指在字体设计的基础上增加图形等元素，对字体进行视觉化的重组，使其更接近设计的风格需求。特殊变形的方法有很多，也不局限于单一地增加图形元素。

如图 6-23 所示，针对已经完成的设计，进行局部的笔画变形，使其更加具备字体识别度，以提高均衡性。

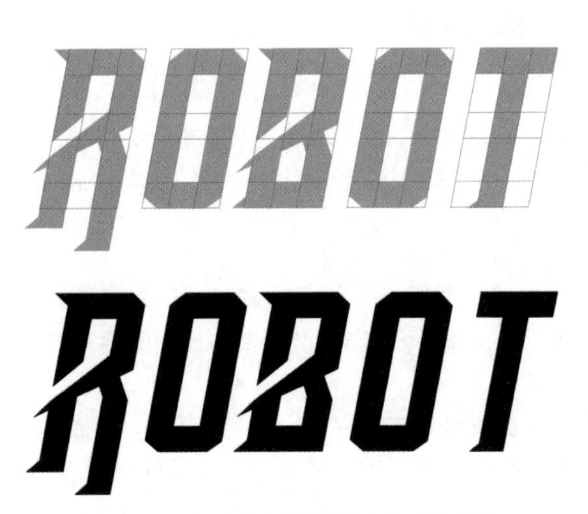

图 6-23　经过笔画调整设计完成的字体

6.4 UI 设计中字体的排版原理

在 UI 设计的字体排版中，很多貌似复杂的效果，其实是有规律可循的，可以通过研究对齐方式、字间距和行间距等原理来实现。在字体排版前，要明确字体是以段落方式还是以文字元素方式存在。段落方式指文字所表达的内容是以成段的文字内容呈现的，而文字元素方式指文字不具备段落的属性，往往由文字、词组或句子构成，并且一般不超过一行。

6.4.1 对齐方式

在字体排版中，常见的对齐方式包括左对齐、右对齐、居中对齐和两端对齐 4 种，其又因中英文字体的不同有很多细节上的差异。

1. 左对齐

左对齐是指所有字体都向左沿着版式边线进行对齐，因为其最符合人类眼睛左到右的阅读习惯，所以是字体排版中最常见的一种对齐方式。在字体排版中，如果是中文且以段落方式存在，那么还需要有两个字的首行缩进。

图 6-24 是中文和英文的左对齐方式，中文因为其以单字形式存在，所以会显得比较规整；英文因为以单词形式存在，所以会显得有些错落。

明月几时有，把酒问青天。不知天上宫阙，今夕是何年？我欲乘风归去，又恐琼楼玉宇，高处不胜寒。起舞弄清影，何似在人间？

转朱阁，低绮户，照无眠。不应有恨，何事长向别时圆？人有悲欢离合，月有阴晴圆缺，此事古难全。但愿人长久，千里共婵娟。

Stray birds of summer come to my window to sing and fly away.
And yellow leaves of autumn, which have no songs, flutter and fall there with a sign.

图 6-24　中英文字体左对齐效果

2. 右对齐

右对齐是指所有字体都向右沿着版式边线进行对齐，右对齐的主要作用是与传统对齐方式形成视觉上的对比，所以很少用在以段落方式的排版中，在英文字体排版中很常见，中文字体排版一般用在一些应用文的落款等处。

图 6-25 是中文和英文的右对齐方式，中文的右对齐不符合中文行文规范，所以显得很别扭，同样也是中文排版中的禁忌；英文的右对齐除了大小写的问题，并不影响段落内容的阅读。

明月几时有，把酒问青天。不知天上宫阙，今夕是何年？我欲乘风归去，又恐琼楼玉宇，高处不胜寒。起舞弄清影，何似在人间？
转朱阁，低绮户，照无眠。不应有恨，何事长向别时圆？人有悲欢离合，月有阴晴圆缺，此事古难全。但愿人长久，千里共婵娟。

Stray birds of summer come to my window to sing and fly away.
And yellow leaves of autumn, which have no songs, flutter and fall there with a sign.

图 6-25　中英文字体右对齐效果

3. 居中对齐

居中对齐是指所有字体沿着版式中心线向中心进行对齐，多用于标题或者特别强调的文字排版中，中英文的居中对齐应用环境基本相同，也很少用于段落方式的排版中，由于其占用版面空间较大，所以也不适合大量的文字排版。

如图 6-26 所示，中英文居中对齐的效果基本一致，中文仅最后一行居中对齐，英文则是根据字符长度，也会产生一定的错落感。

明月几时有，把酒问青天。不知天上宫阙，今夕是何年？我欲乘风归去，又恐琼楼玉宇，高处不胜寒。起舞弄清影，何似在人间？
转朱阁，低绮户，照无眠。不应有恨，何事长向别时圆？人有悲欢离合，月有阴晴圆缺，此事古难全。但愿人长久，千里共婵娟。

Stray birds of summer come to my window to sing and fly away.
And yellow leaves of autumn, which have no songs, flutter and fall there with a sign.

图 6-26　中英文字体居中对齐效果

4. 两端对齐

两端对齐是一种特殊的对齐方式，是计算机图文排版的产物，其通过演算自动调整文字的字间距，以达到字体左右两端同时对齐的效果。中文字体是以单字、标点符号形式存在的，只要标点符号是全角符号，那么在进行左对齐时，就能形成比较规整的版面，但是需要注意的是，中文的标点符号是不能跨行的；英文字体是以单词、标点符号形式存在的，单词或短或长，如果使用左对齐的方式进行排版，肯定会出现句尾单词无法顶满右侧版式边线的情况。当然在英文字体中，跨行单词可以用连字符表达，但是通篇大量的连字符也会影响整个版式的美观。两端对齐有效地解决了中英文字体段落方式排版的问题。

图 6-27 为两端对齐的排版方式，无论是中文还是英文。

明月几时有，把酒问青天。不知天上宫阙，今夕是何年？我欲乘风归去，又恐琼楼玉宇，高处不胜寒。起舞弄清影，何似在人间？

转朱阁，低绮户，照无眠。不应有恨，何事长向别时圆？人有悲欢离合，月有阴晴圆缺，此事古难全。但愿人长久，千里共婵娟。

Stray birds of summer come to my window to sing and fly away.
And yellow leaves of autumn, which have no songs, flutter and fall there with a sign.

图 6-27　中英文字体两端对齐效果

设计师在进行 UI 字体排版的时候，也务必遵循字体的对齐原则，规范的字体版式会让界面更加规范，也会增加视觉引导性。

6.4.2　字间距

字间距是指文字与文字之间的水平距离，距离越小，文字的粘连性越大，反之文字的粘连性越小。

在处理字间距的问题时，同样要考虑字体的段落或信息属性。段落形式的文字，主要作用是为了提高文字内容的阅读性，文字之间的粘连性越小越好，所以一般情况下字间距不宜过大，通常使用默认字间距即可；信息形式的文字，主要作用是为了提高文字内容的传达性，信息文字需要醒目且易于识别，一般情况下可以适当加大，但不可以超过单倍行间距，并且不得大于单倍字体宽度。

如图 6-28 所示，左侧字间距大于行间距，右侧字间距大于单倍字体宽度，都会给阅读者带来认知困难，竖向的视觉引导会干扰横向的阅读顺序。

明 月 几 时 有 ， 把
酒 问 青 天 。 不 知 天 上
宫 阙 ， 今 夕 是 何 年 ？
我 欲 乘 风 归 去 ， 又 恐
琼 楼 玉 宇 ， 高 处 不 胜
寒 。 起 舞 弄 清 影 ， 何
似 在 人 间 ？

明 月 几 时 有 ，
把 酒 问 青 天 。 不
知 天 上 宫 阙 ， 今
夕 是 何 年 ？ 我 欲
乘 风 归 去 ， 又 恐
琼 楼 玉 宇 ， 高 处
不 胜 寒 。 起 舞 弄

图 6-28　不同字间距的效果

6.4.3　行间距

行间距是指文字行与行之间的垂直距离，距离越小，文字的段落性越大，反之文字的段落性越小。

在处理行间距的问题时，同样要考虑字体的段落或信息属性。段落形式的文字，要保证其视觉阅读性是以段落方式存在的，所以行间距一般情况下应该保证在 0.5 ～ 1 倍字体高度之间，在一些特殊情况下，可以在默认行间距到 0.5 倍字体高度之间，但是绝对不可超过单倍字体高度。

如图 6-29 所示，上面一组是采用默认行间距，下面一组是采用 1 倍字体高度，在此范围内的行间距都是可以接受的。如图 6-30 所示，行间距已经超过了 1 倍字体高度，所以文字成块的属性减弱，阅读性也相应下降。

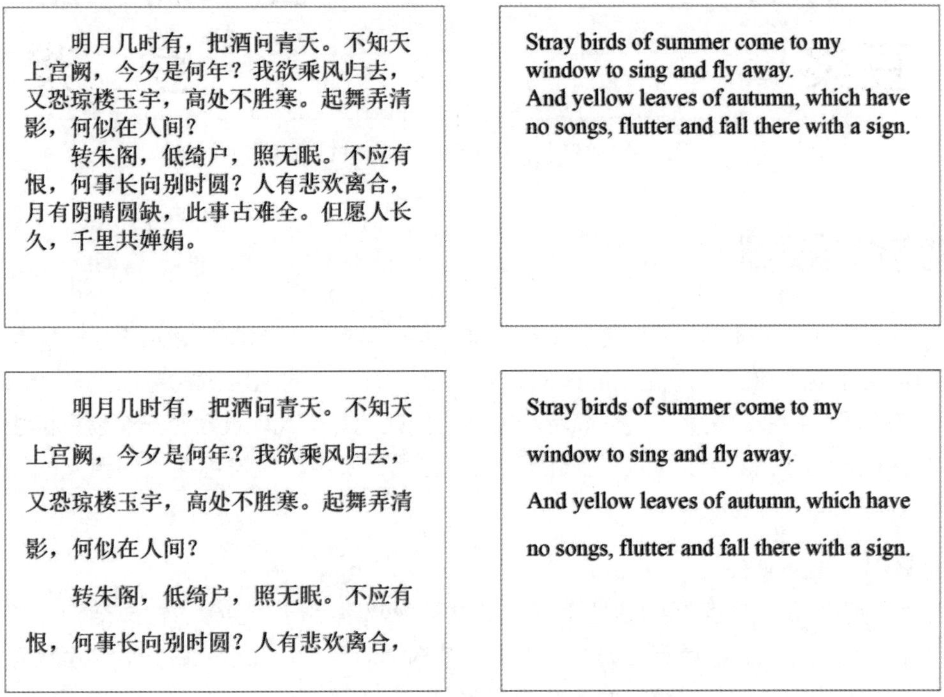

明月几时有，把酒问青天。不知天上宫阙，今夕是何年？我欲乘风归去，又恐琼楼玉宇，高处不胜寒。起舞弄清影，何似在人间？
转朱阁，低绮户，照无眠。不应有恨，何事长向别时圆？人有悲欢离合，月有阴晴圆缺，此事古难全。但愿人长久，千里共婵娟。

Stray birds of summer come to my window to sing and fly away.
And yellow leaves of autumn, which have no songs, flutter and fall there with a sign.

明月几时有，把酒问青天。不知天上宫阙，今夕是何年？我欲乘风归去，又恐琼楼玉宇，高处不胜寒。起舞弄清影，何似在人间？
转朱阁，低绮户，照无眠。不应有恨，何事长向别时圆？人有悲欢离合，

Stray birds of summer come to my window to sing and fly away.
And yellow leaves of autumn, which have no songs, flutter and fall there with a sign.

图 6-29　中英文字体的不同行间距效果

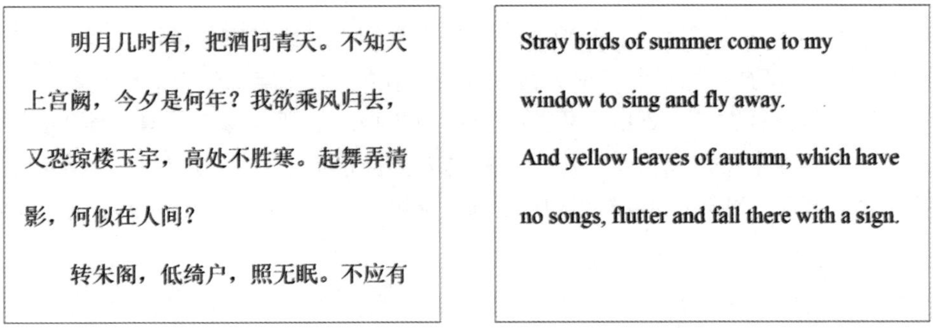

明月几时有，把酒问青天。不知天上宫阙，今夕是何年？我欲乘风归去，又恐琼楼玉宇，高处不胜寒。起舞弄清影，何似在人间？
转朱阁，低绮户，照无眠。不应有

Stray birds of summer come to my window to sing and fly away.
And yellow leaves of autumn, which have no songs, flutter and fall there with a sign.

图 6-30　中英文字体行间距过大会影响阅读性

6.4.4 辨识度

辨识度并不属于字体排版的原理，而是排版原理应用的结果，只有在对齐方式、字间距和行

间距等都处于一个用户所能接受的均衡值，文字的辨识度才会处于最佳状态，尤其不得影响用户对信息文字的辨识。

如图 6-31 所示，错误的对齐方式、行间距和字间距等，会给文字传达的含义带来歧义。设计师在进行排版时一定要遵循原理，以免发生不必要的错误。

豆腐脑
豆浆

豆　腐　脑
豆　浆

图 6-31　错误的排版会影响字体的识别度

6.4.5 差异性

汉字与英文（拉丁字母）的区别在于：英文字母是一种纯粹发音符号，每个字母本身并没有意义，单词的意义来自于这些字母之间的横向串式组合，而汉字的组字方式是以象形为原始基础，也就是每个字都具有特别的意义，一个简单的文字可能在远古时代就代表了一个复杂的生活场景。两者之间的阅读方式和解读方式都有本质的不同，因此，汉字的编排不能照搬英文的编排方式，两者在编排上有一些客观的区别。

1. 阅读性的区别

相同字号的汉字和英文实际阅读性不同，英文因为都是字母，字母的构成结构非常简单，线条比较流畅，弧线使画面更容易产生动感；而汉字结构相对复杂，在设计时因为要考虑可阅读性，在界面中同样位置的中文就要比英文大一些。

2. 段落性的区别

每个英文单词都有横向长度，有的单词长度和中文的一句话相等，单词之间是以空格进行区分，所以英文排版时，都是作为段落属性进行理解的；中文的每个字占的字符空间一样，非常规整，一句话的长度是不能拆开进行处理的，中文在排版上各种限制严格得多，自由性和灵活性相较于英文较差。汉字的整体编排容易成句、成行，视觉效果更接近一个个规则的几何点和条块，而英文的整体编排容易成段、成篇，视觉效果比较自由活泼，有更强的不连续的线条感，容易产生节奏和韵律感。

3. 错落性的区别

一般情况下，英文比相同意义的汉字篇幅要多，英文段落本身更容易成为一个设计主体，而且由于英文单词的字母数量不一样，在编排时对齐左边，在右边会自然地产生不规则的错落感；这种情况在汉字编排时不太可能出现，汉字段落是一个完整的整体，很难产生错落感。

4. 复杂性的区别

汉字的编排规则比英文严格并且复杂得多，比如段前空两字、句尾标点不能跨行、标点占用一个完整字符空间、竖排时必须从右向左和横排时从左向右等，这些规则也给汉字编排提高了难度。英文段落在编排时只能横排，并且只能从左向右，段前不需空格，英文字符和符号占用半个字符空间。

6.5 实践案例

字体设计是一门系统而且独立的设计门类，需要大量的实践及独特的设计思路，并且要求设计师具备自己的设计风格。本案例仅是抛砖引玉，将字体设计中针对 UI 设计部分的字体设计思路和排版方式加以分析，希望对读者有所帮助。

6.5.1 书法字体

书法字体是以书法的运笔方法为基本框架，可以采用楷书、行书、隶书和草书等多种表现形式。需要特别注意的是，书法字体更需要对书法中的笔画特征进行归纳和总结，既要简洁明了，又不能丧失原有书法字体的字体特征。

如图 6-32 所示，利用手写字体作为字体的间架结构，将字体笔画末端按照书法的运笔方式进行归纳，让字体显得更加自然。

图 6-32　手写书法字体设计

如图 6-33 所示，利用隶书书法对字体进行变形，将“慈悲”二字相同的“心”字底做统一化处理，将字体笔画末端按照隶书的运笔方式进行归纳。

图 6-33　隶书书法字体设计

如图 6-34 所示，利用行书书法对字体进行变形，通过调整其大小对比形成错落感，并且辅助搭配其他字体，保证字体的均衡完整性。

图 6-34　行书书法字体设计

6.5.2　手写字体

手写字体与书法字体相似，相同的是都要拥有手写字体的书写感觉，区别在于书法字体更需要保留原有书法字体特征，而手写字体可以在手写的基础上加大字体变化，以增强阅读性。

如图 6-35 所示，利用手写字体作为字体的间架结构，根据笔画的运笔规律，将字体按照圆形笔画特征进行归纳，符合书法字体的特征。

图 6-35　圆形风格的手写字体

如图 6-36 所示，在手写字体的基础上，按照锐利笔画特征对字体进行归纳，并适当做出笔画的飞白效果。笔画的飞白效果应尽量减少使用，因为无论在实物应用或者 UI 应用中，都存在识别度较低或者不容易实现等问题。

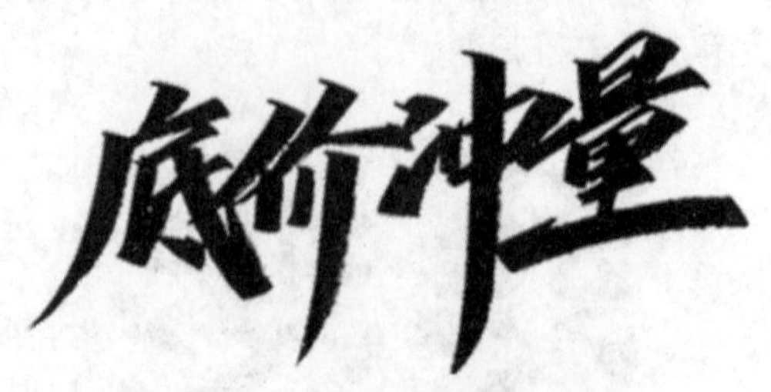

图 6-36　锐利风格的手写字体

如图 6-37 所示，在手写字体的基础上，对字体进行加粗加硬，增加笔画间的连续，使字体看起来更加醒目和有力。

图 6-37　坚硬风格的手写字体

6.5.3　变体字体

变体字体指依据黑体、宋体和楷体等常规字体，通过对笔画特征的变形而产生的字体。变体字体本身不能改变字体的特性，如初始字体是宋体，经过变化后，仍需要拥有宋体的特征。变体字体设计的优势在于，可以依据现有的常规字体作为框架，然后再通过局部变形完成整体设计，适合新手在字体设计初期使用。变体字体的缺点就是风格相对较为单一，而且如果变化不足，容易产生字体侵权问题。

图 6-38 是利用仿宋体作为基本的间架结构，在其落笔处使用圆形设计，笔画的横竖产生较大的对比。如图 6-39 所示，将部分笔画进行重构，完成变体字体设计。

MO SHANG
墨商
• SINCE 475BC •

图 6-38　仿宋体变体字体 1

地铁等待

图 6-39　仿宋体变体字体 2

图 6-40 是利用宋体作为基本的间架结构，将特殊笔画独立拆分出来。

图 6-40 宋体变体字体

图 6-41 是利用黑体作为基本的间架结构，将笔画进一步加粗，在字体落笔处采用切角的方式进行变化。如图 6-42 所示，同样是利用黑体进行的变体字体设计。

图 6-41 黑体变体字体 1

图 6-42 黑体变体字体 2

6.5.4 网格字体

网格字体指依据固定的网格，结合其释义特征，通过填色和调整而形成的字体。网格字体的优点是制作起来相对比较简单，但是缺点也比较明显，就是风格相对单一，不适合多种场景下使用。

如图 6-43 所示，利用网格作为字体的间架结构，通过对网格的填充，实现不同的字体效果。如图 6-44 所示，填充风格的不同，也能设计出风格不同的字体。

图 6-43 网格变体字体 1

图 6-44　网格变体字体 2

6.5.5 线性字体

线性字体是在基本字形准确的前提下，使用单线、双线或多线的形式表达的字体设计。线性字体的特点，就是字形相对简洁，字体更加清秀和流畅，具备一定的释义性。

如图 6-45 所示，以黑体和等线体为基本间架结构，对部分笔画进行简化和重构，最终以双线的形式进行表达，字体简洁流畅。

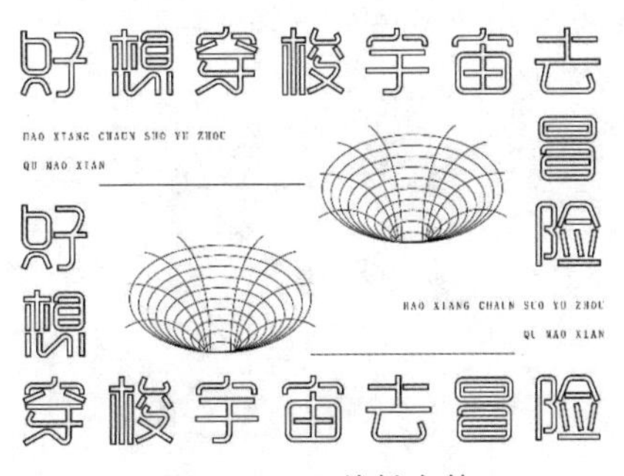

图 6-45　双线性字体

如图 6-46 所示，利用单线对字体的结构特征进行归纳和总结，对字体笔画细节进行优化，笔画更趋向于直线构成，字体显得更加挺拔；如图 6-47 所示，笔画更趋向于曲线构成，字体显得更加柔美。

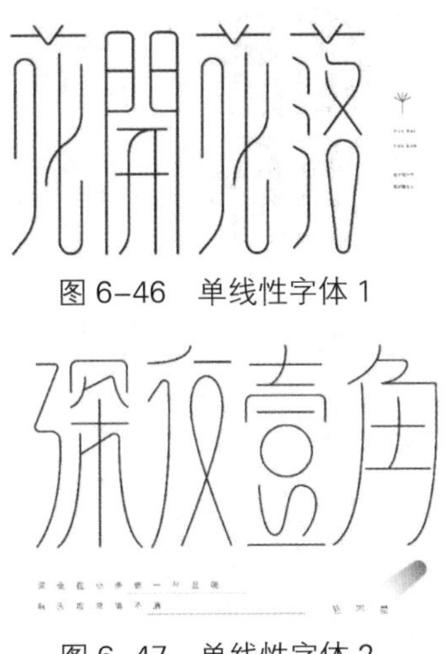

图 6-46　单线性字体 1

图 6-47　单线性字体 2

6.5.6 装饰字体

装饰字体就是在标准字体设计的基础上，增加装饰性的图案或纹案，使其可以表达更准确的释义特征。字体中的装饰不要过于烦琐，要与字体风格保持一致，保证整体字体风格的统一，尤其不能破坏原有字体的识别特征。

如图 6-48 所示，利用其他视觉元素去辅助对字体释义的认知。如图 6-49 所示，利用花型图案作为字体起笔和落笔的特征元素。

图 6-48 装饰字体 1

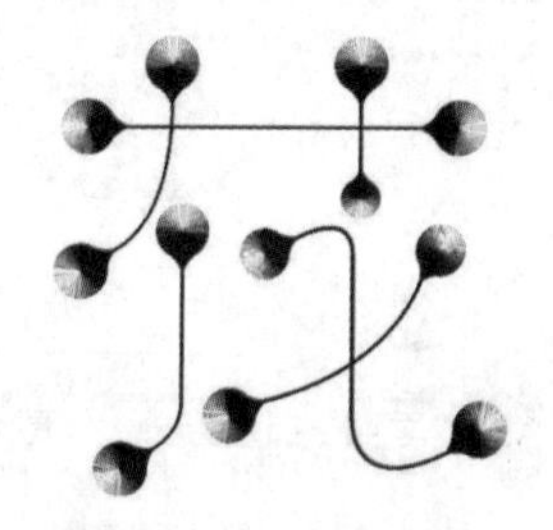

图 6-49 装饰字体 2

如图 6-50 所示，利用笑脸到哭脸的渐变，表达情感的“喜怒哀乐”，同样也可以起到装饰字体的效果。

图 6-50 装饰字体 3

6.5.7 释义字体

释义字体是所有字体设计中最为复杂的形式，不仅需要保持原有的字体特征，而且需要根据所要表达的含义，对字体的笔画特征、间架结构、比例变形和图形排列等内容进行设计，还要对字体进行必要的装饰和版式排列。释义字体是字体设计中较为常用的字体形式，在各类设计中均有应用，也是设计师必须掌握的技能之一。

如图 6-51 所示，利用波浪的字体形状，表达“海”与“风”的特点。如图 6-52 所示，对字体进行加粗，并且将间架结构向上转移，提炼部分笔画，表达字体的释义。

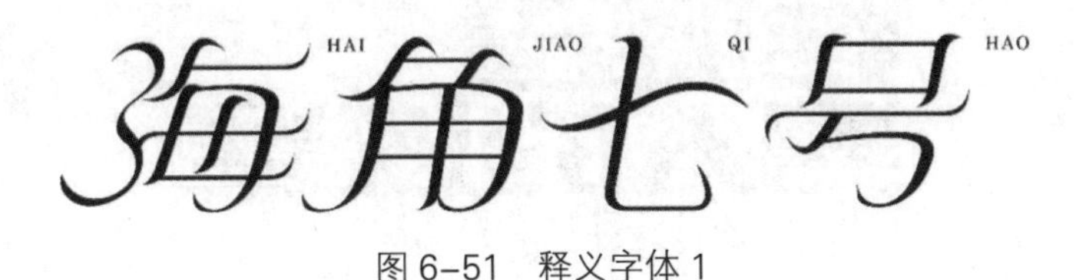

图 6-51　释义字体 1

WE ARE NUMBER ONE

我是最棒的

图 6-52　释义字体 2

如图 6-53 所示，将部分笔画提炼为流星划过天际的形状，并且将整体字体进行倾斜处理，突出速度感。

图 6-53　释义字体 3

如图 6-54 所示，以等线体为基础间架结构，通过整体斜切排列，形成一种伪 2.5D 风格，同时将边角处理得更加锐利，表达干脆、果敢的释义。

图 6-54　释义字体 4

如图 6-55 所示，以黑体为基础间架结构，对字体特征进行归纳和总结，笔画的起笔和落笔形成不同的偏向，增加字体的稳定感；如图 6-56 所示，去除多余的边角构件，并将字体微微向右倾斜，增加速度感。

图 6-55　释义字体 5

图 6-56　释义字体 6

如图 6-57 所示，在非衬线体的基础上，将笔画落笔适当地拉长和拖拽，形成强烈的速度感，以体现字体的释义。

图 6-57　释义字体 7

如图 6-58 所示，使用单线阴影衬托，也是释义字体的一种表现形式；如图 6-59 所示，适当将笔画变形，也能得到特殊的字体效果。

图 6-58　释义字体 8

图 6-59　释义字体 9

6.5.8 字体设计过程

本小节以“云想衣裳花想容”为文字内容进行字体设计，阐述字体设计的流程。

首先应该考虑的是字体应用场景，“云想衣裳花想容”应用在一款汉服品牌文化类型的 App 交互界面中，主要是辅助标志完成品牌形象的塑造。由于汉服文化带来的体验是柔美，所以在初期构思的时候就要以此为基本的出发点。

1. 草稿绘制

如图 6-60 所示，以非衬线体为基础字形，在纸面上构思大致的字体轮廓，画出设计稿。

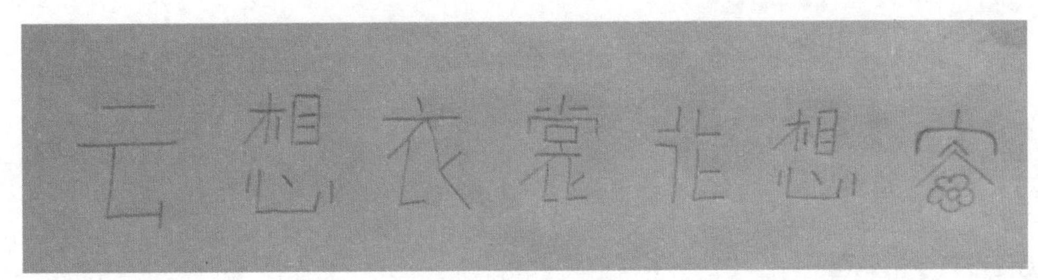

图 6-60　手绘草稿

2. 网格尺寸制作

如图 6-61 所示，使用 Adobe Illustrator 绘制尺寸大小为 90 × 140pt 的网格，网格内小方框的尺寸为 10 × 10pt。可以根据需要确定字体的长宽比，字体细长，显得更加清秀。

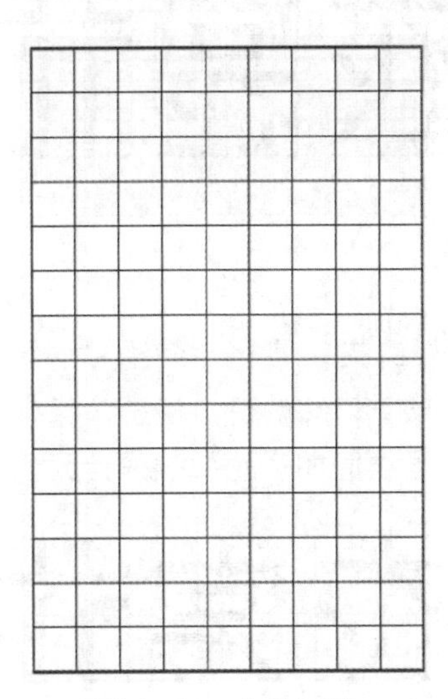

图 6-61　字体网格

3. 输入字体参考

如图 6-62 所示，在不太熟悉间架结构的时候，可以使用如宋体、黑体和楷体等常规字体作为字体设计的参考字体，也可以根据这些字体进行变形，但是并不建议这么做。

云想衣裳花想容

图 6-62　黑体字体参考

4. 勾画间架结构

如图 6-63 所示，将纸上的草稿图拖曳进 Adobe Illustrator 中，使用“钢笔工具”进行勾画，将要设计的字体间架结构勾画出来。

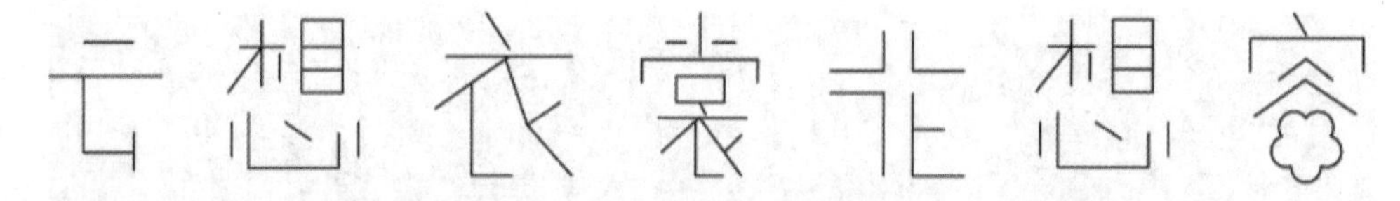

图 6-63　单线间架结构

5. 依据网格进行字形调整

如图 6-64 所示，以网格为参考和定界，将字体的线稿图放在网格中，用方形在网格中进行填充，并逐步调整字体笔画的位置等内容。这个阶段考虑更多的是间架结构的组合，因为这一步笔画的加粗，造成部分笔画粘连并不易被识别。

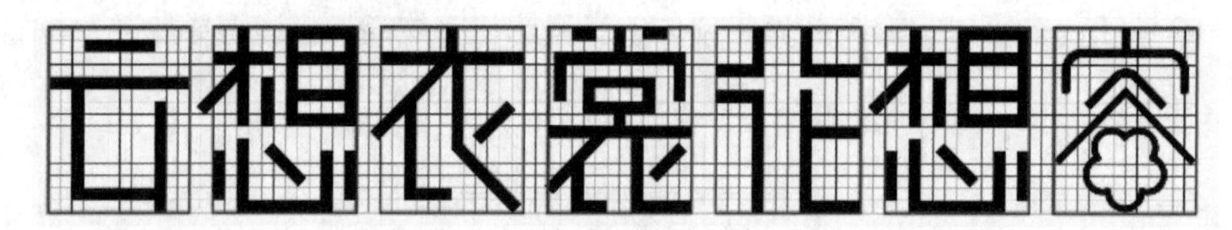

图 6-64　使用网格调整字形

6. 细化笔画粗细和结构

如图 6-65 所示，按照最初定好的文字风格，使用“钢笔工具”对字体进行修正。最初的设计思路是将“容”字的下半部分用一个花朵代替，使整个字体圆润化，圆角统一设定为 8px。但是经过设计发现，设计后的“容”字虽然增加了花朵的设计元素，但是与其他字体的风格不太统一。

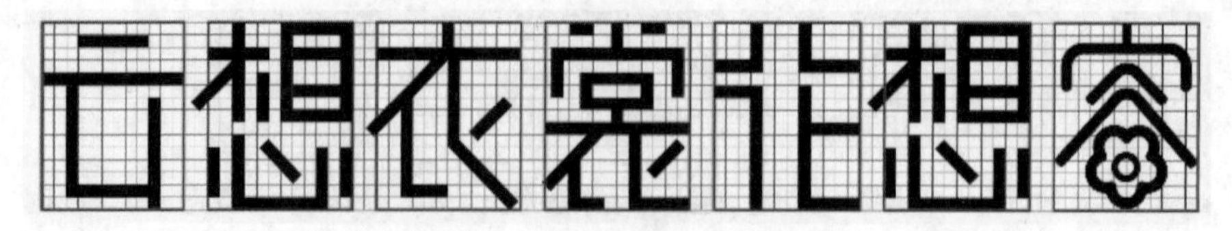

图 6-65　对笔画的粗细进行调整

7. 对风格进行统一调整

如图 6-66 所示，经过调整，在字体特征和字体风格上进行了权衡，最终将“容”字下方的花朵图形去掉，保持整体风格的一致性。

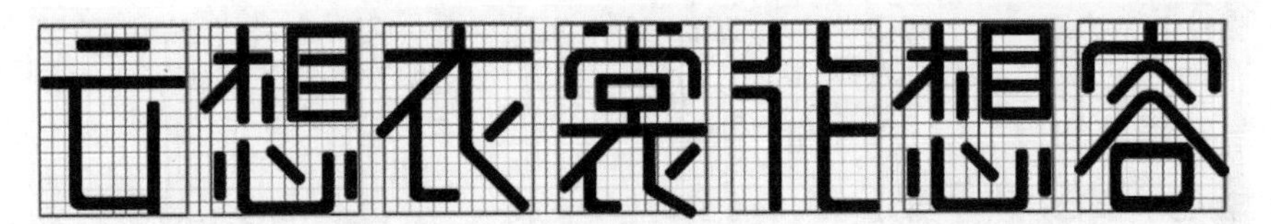

图 6-66　对笔画的特征进行调整

8. 细化笔画特征

如图 6-67 所示，将文字整体轮廓做好后，开始对细节进行调整。将“云”字右下角的点设置成竖线，并调整至合适距离；将“想”字的点都使用竖直线代替，“目”字内的双横线要设置为等距离；将“衣”字的撇用竖折代替，勾用横线代替，调整至合适距离；“裳”的下半部分和“衣”字的设计相同，宝盖头做成圆润角；“花”字是变动最大的字体，将所有的笔画都设计成竖直横直；“容”字的宝盖头也是设计成圆润角，两点连成小三角的样子，将“口”调整至合适的大小和距离。

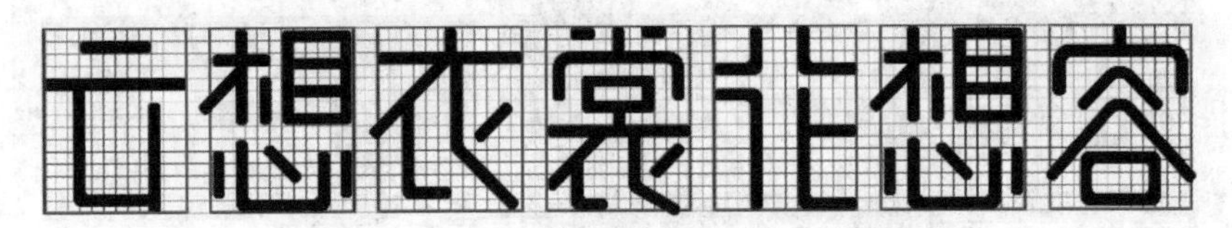

图 6-67　进一步对笔画的特征进行调整

9. 完成整体字体设计

如图 6-68 所示，在整个设计过程中，不可能简单通过一个流程就实现，而是要通过不断地反复，不断地调整，完善最终的字体设计方案。

图 6-68　完成字体设计效果

第 7 章　Banner 设计原理与实践案例

本章概述：

本章主要对版式、配色和字体等设计内容进行综合应用研究，对 Banner 的表现形式进行分类，为 Banner 的整体设计提供理论依据。

教学目标：

通过对本章的学习，让读者掌握 Banner 的常见设计思路和制作方法。

本章要点：

版式、配色和字体等设计内容的综合应用和知识衔接。

Banner(横幅广告)是 UI 设计中应用普遍的广告形式，又称为旗帜广告，是横跨于 UI 上的矩形公告牌，当用户点击这些横幅时，通常可以链接到广告的页面。

7.1 Banner 的构图原理

在 UI 设计中，设计师通常将 Banner 放在网页的明显位置，Banner 设计得好坏会影响整个网页的美观程度，因此在网页设计中，Banner 的作用就显得尤为重要。

在一般的 UI 设计中，Banner 的大小和位置都有一定的尺寸与比例，所以并不能将所有想要传达的图文信息都放在 Banner 上。由于受众在提取 Banner 信息时，大脑的运作效率受到浏览时的操作习惯与阅读节奏的影响，其对信息的提取是有限的，因此Banner设计的重点就在于，使受众在浏览网页时能够准确地识别出其所要传达的信息。Banner 设计的主要内容集中于文案设计、图片设计和图文的版式设计这三大部分。

7.1.1 文字

Banner 设计最重要的一个原则就是通俗易懂，因此 Banner 中的文案设计就显得尤为重要。

文案最重要的意义就在于信息的传达，因此越是好的文案和字体设计，越会让受众快速接收设计师想要传达的信息，从而提升阅读的效率和页面的点击量。通过文案的设计和文字的排版，可以让受众一目了然地理解 Banner 所要传达出的内容，如图 7-1 所示。

图 7-1　Banner 的文案设计和文字排版

7.1.2 图片

图片是 UI 设计中不可或缺的元素。在设计 Banner 时，选择合适的图片与协调的图片设计是非常重要的，优秀的图片摘选与设计，可以使用户更为直观地理解 Banner 所想传达出的内容。而 Banner 设计最终也是以图片的形式展现的，因此在设计时需要对图片的类型，也就是格式进行了解，合适的图片格式可以使 Banner 设计得到更为优良的显示效果，以避免出现模糊、有色差之类的问题。同时，合理运用图片格式还可以有效地管理文件的大小，节约加载或下载的时间，更能有效地减轻服务器的负担。

在 UI 设计中，常用的图片格式有三种：GIF、JPG 和 PNG，这三种图片格式的特点和用途是有所区别的。

GIF 是一种索引颜色格式，含有 256 种颜色，所以这种格式图像最大的缺点是无法表现细腻的颜色，尤其是在处理渐变的时候会出现颜色断层。但是该格式也有其他图像格式无法比拟的特性，就是文件较小，有利于网络传播和支持背景透明。如图 7-2 所示，利用 GIF 格式的特性，经常用来处理颜色比较均匀和图形简单的图片；JPG 图像比起 GIF 图像，包含的颜色更多，而且有更高的压缩率，这使其更适合用来保存精细的图片，如图 7-3 所示。JPG 是一种有损压缩的格式，且不支持透明度；PNG 是一种无损压缩的格式，可以在文件内同时存储位图和矢量内容，且支持背景透明，在使用时不需要另外的输出处理，图 7-4 是目前 UI 设计常用的格式。

图 7-2　适合采用 GIF 格式存储的图像

图 7-3　适合采用 JPG 格式存储的图像

图 7-4　适合采用 PNG 格式存储的图像

7.1.3　文字与图片的组合

当前绝大多数的 Banner 设计都是在图片和文字的基础上进行的，当然也有那种只有单一图片或文字的 Banner。文字设计能够有效地传递出 Banner 的信息，但是为了能够更好地吸引用户的注意力以增加网页的点击率，就需要优秀的图形设计或是图形化了的字体设计加以辅助，因此 Banner 设计其实就是一种文字与图片的组合设计。

如图 7-5 所示，背景采用单色灰蓝色，画面采用模特和植物图片作为视觉中心，辅助系统字体和美工字体。

图 7-5　文字与图片混排的 Banner 设计 1

如图 7-6 所示，背景使用弧形进行左右分割，左侧进行文字排版，突出重点和视觉顺序；右侧进行图像排版，色调与左侧的白色背景形成反差；中间的播放按钮采用橘色，与整体颜色形成撞色处理。

图 7-6　文字与图片混排的 Banner 设计 2

如图 7-7 所示，整体色调采用蓝绿和橘红的补色，在色调内再具体细分色阶；构图上采用带有强烈视觉引导性的透视构图方法；右侧的人物以圆形构图打破全图直线构图，并形成视觉阻断。

图 7–7 文字与图片混排的 Banner 设计 3

如图 7–8 所示，整体背景色调采用了红色，采用中心构图，模特作为视觉中心，从眼部做出视觉引导，并在脑部使用圆形打破矩形构图。

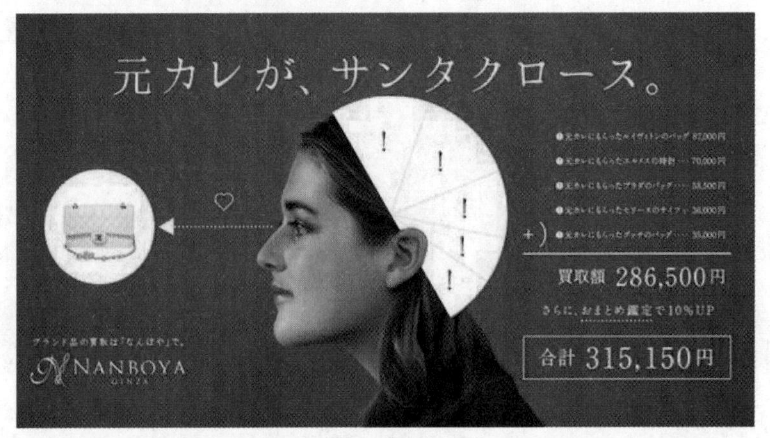

图 7–8 文字与图片混排的 Banner 设计 4

从以上案例可以发现，Banner 基本都采用了图文混排的方式，图片为主体，文字为辅助；字体大部分情况下均采用了非衬线体，突出信息内容；在构图上也基本采用了适合视觉引导的构图方式。

7.2 Banner 的配色技巧

在屏幕显示中，通过不同量的红、绿、蓝混合，可以呈现出其他各种颜色。例如，这三种颜色中的两两混合可以得到更加鲜亮的中间色，若将这三种颜色以等量纯度混合，就能够得到白色，所以这三种颜色被称为色光三原色。色光混合又称加法混合或正色混合，即电子显示屏幕的色光，也就是 UI 设计中的颜色。

在 Banner 设计中的色彩搭配，需要应用到基础的色彩概念，即色相环。按照光谱，12 色相环中的颜色排列顺序为红、橙红、橙、橙黄、黄、黄绿、绿、绿蓝、蓝、蓝紫、紫、红紫。

如图 7–9 所示，在色相环中，色调按不同角度排列，其中 12 色相环中各色的间距为 30° 、24 色相环中各色的间距为 15° 。常用的 Banner 设计配色方式一般有邻近色、互补色等。

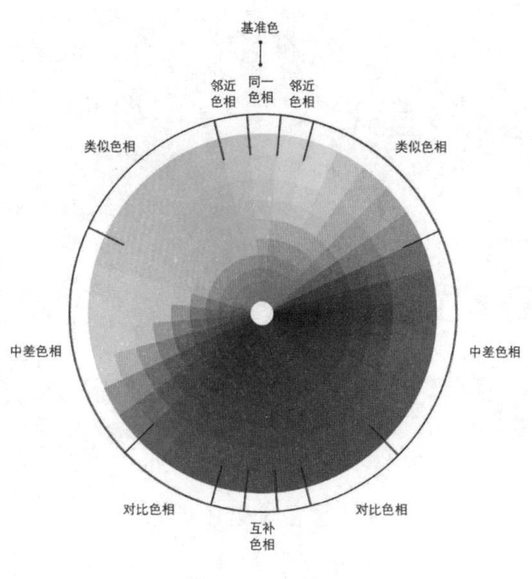

图 7–9　色相环

7.2.1　邻近色

邻近色是色相环中相距 90° ，或者相隔五六个数位的两色，属于中对比效果的色组，其特点为色相彼此近似，冷暖性一致，统一和谐，感情特性一致。例如红色和橙色、青色和金色、蓝色和绿色等。邻近色会给人带来一种文艺的气息，常用在音乐类、公益类的 Banner 之中。

如图 7–10 所示，Banner 整体采用了绿色邻近色作为主色调，突出产品清新、自然和清凉的特点。

图 7–10　绿色邻近色 Banner 效果

如图 7-11 所示，Banner 整体采用了橘黄色邻近色作为主色调，突出产品温暖、甜蜜和热情的特点。

图 7-11　橘黄色邻近色 Banner 效果

如图 7-12 所示，Banner 整体采用了蓝色邻近色作为主色调，突出产品清凉、清爽和自然的特点。

图 7-12　蓝色邻近色 Banner 效果

从以上案例可以发现，邻近色配色是 Banner 配色中较为容易和直接的配色方式。设计师只需要在设计初期设定好主色调，然后根据邻近色配色原理，在色相环相应的位置选取颜色进行搭配和应用即可。

7.2.2 互补色

互补色又称补色、撞色。在屏幕显示中，如果两种颜色等量混合后呈灰黑色，那么在色相环中，这两种颜色一定就是互为补色的关系。在色相环中相距较远的两种颜色可以称为互补色。互补色下的 Banner 设计需要精准地掌控色彩的搭配及使用面积，这种对比强烈的色彩搭配能够给予用户强烈的心理感受，营造出一种富有冲击力的感觉，在促销类的 Banner 设计中，可以起到很好的吸引眼球的作用。

如图7-13所示，Banner整体采用了绿色作为主色调，与其互补的橘红、紫等颜色作为辅助色，几种颜色对比明显，视觉冲击力较强。

图 7-13　红绿互补色 Banner 效果

如图 7-14 所示，Banner 整体采用了蓝色作为主色调，与其互补的红色作为辅助色，两种颜色对比明显，视觉冲击力较强。

图 7-14　蓝红互补色 Banner 效果

从以上案例可以发现，互补色配色的方式比邻近色难度要大，但是视觉冲击力更强，给用户带来的感受更加深刻。设计师在把握互补色配色时，可以先指定一个固有色作为主色调，再从色相环的对应位置找到互补色作为辅助色。在互补色 Banner 设计中，颜色面积决定其主辅色关系，但也有一种情况例外，就是在 Banner 中白色（或接近白色）面积过大时，其不会影响到主辅色的定义。如图 7-15 所示，白色底色面积虽然很大，但是其并不会影响主辅色的颜色关系，Banner 仍然属于黑黄互补色对比。

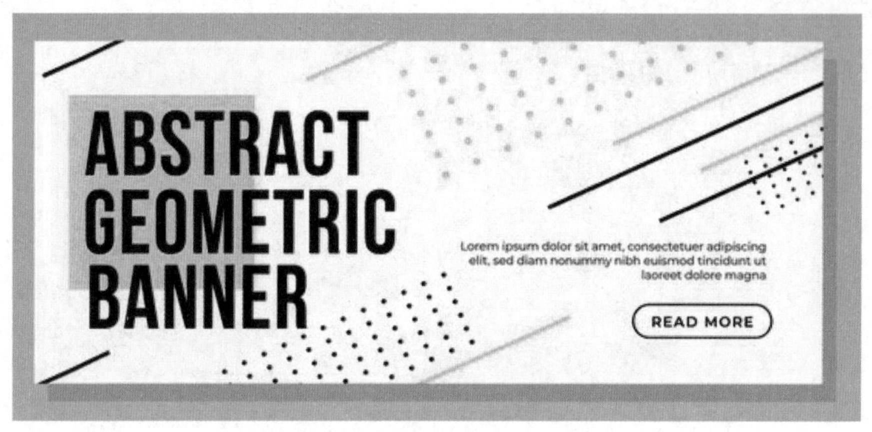

图 7-15　黄黑互补色 Banner 效果

7.3 Banner 的字体选择

Banner 设计中的字体应用和排版原则与 UI 中的基本相同，同样分为系统字体和美工字体，可以参照前面章节的内容进行选用。Banner 中的字体排版同样需要注意文字的字体、大小与疏密等要素的选择。其中字体的选择，区别于 UI 字体的应用，可以根据不同的视觉形象做具体的决定，因为不同字体的字形所展现出的特点是不一样的，不同的字体能传达出不同的情感效果，其属性与用途也是不同的。

1. 字号

1) 系统字体字号

在 Banner 设计的文字中，除了字体的选择外，还应该考虑到文字的字重、字号、行高、字间距、行间距、段间距甚至是字体颜色等要素对文字传递信息及表达情感时的影响。

针对目前常用的屏幕分辨率，正文的字号大小一般都在 12 ～ 18px，一般情况下不要使用单数像素字号。其中 12px 是 UI 设计中所能使用的最小字号，小于这个标准就会造成文字识别性的缺失，此大小的字号适用于非突出的日期版权与著作信息等注释性的内容，在 Banner 设计中也可用于对主体信息的补充。

14px、16px 的字号大小则适用于非突出的普通正文文本，其作用与 12px 的字号大小一般情况下并无太大区别，是 Banner 设计中较为常见的一种字号大小，其中英文字体的字号可以略小于该标准的字号大小。

当字号大小在 16px、18px 时，此类字号的文字多应用于导航栏中，不可超过 18px 这个标准，且禁用加粗的字体，否则将占用 Banner 中过多的空间。

2) 美工字体字号

美工字体整体的字号大小，一般并没有硬性的标准加以规范，但要大于 Banner 中最大的正文字体，并且要视具体情况进行具体安排。

2. 字体

在 UI 设计中，选择的字体尽量不要太多，一般情况下，单个界面中不要超过三种字体，当界面中字体的种类过多时，就会造成界面视觉效果的混乱，使界面缺乏层次感。Banner 中字体的选用相较于 UI 更为灵活一些，但是一定要考虑字体是否与整体 Banner 风格统一，以及字体的版权是否可以用于商用。

3. 颜色

在 Banner 设计中，字体的颜色，特别是主要内容的文字颜色，建议使用品牌标准颜色及辅助色，这样有利于提高与视觉形象的关联性，可以增加 Banner 的可辨识性和客户记忆性。

文字是人们传递信息的工具，所以其可读性与易读性就尤为重要。每种字体都有其独特之处，除了一些特殊字体外，字体主要分为衬线体和非衬线体这两大类。为了更好地传递出 Banner 所要表达的信息，设计师在设计 Banner 时就要根据这两大类字体的特点，提升文字的可读性与易读性。

如图 7-16 所示，将衬线字体运用于需要用户长时间阅读的地方。如图 7-17 所示，将无衬线字体运用于正文这种需要用户目光停留的地方。但是随着审美趋势的变化，受现代主义设计的影响，越来越多的正文部分内容也开始使用更加现代化的无衬线字体，如图 7-18 所示。

图 7-16　衬线体在 Banner 中的应用效果

图 7-17　非衬线体在 Banner 中的应用效果

图 7-18　非衬线体作为正文在 Banner 中的应用效果

7.4　Banner 的装饰搭配

优秀的 Banner 设计一般都会拥有很丰富的细节。想要活跃画面的氛围，就需要有丰富的内容，要营造画面与内容的氛围感，提升画面整体的统一性，就需要做好装饰。

7.4.1　点、线、面

装饰的三大基本要素是点、线、面，为了营造 Banner 的画面氛围，需要在设计中加入点和线使画面的元素占比更加平衡，起到弥补画面中空白区域、减少负空间的目的。如图 7-19 所示，点、线、面的设计让画面的构图更加饱满。但是在设计时要注意，点和线元素的运用是为了衬托画面中的主体元素，所以在设置这些元素时，要合理分布点、线元素之间的关系，避免造成元素过多、画面过于拥挤的情况。

图 7-19　利用点、线、面丰富 Banner 的视觉效果

Banner 设计中的面可以简单地理解成形状，在设计 Banner 时，用形状配合画面中的主体物，可以达到突出主题、强调内容的目的。如图 7-20 所示，不要单纯地按照图和文的概念去理解，而是通过点、线、面的方式去拆解构图。

图 7-20　通过点、线、面拆解的 Banner 构图方式

在使用点、线、面方式对装饰图形进行拆解的时候，需要注意的是，所选的形状不要过于复杂，要遵循“格式塔心理学”中的“简洁原则”，即人眼在观看物体时，眼脑合作并不是在一开始就能够区分一个整体形象的每种组成部分的，而是将那些单一的部分组合起来使之成为一个更容易理解的统一体。因此，在图 7-21 的 Banner 设计中，为了使 Banner 能够更好地表达所要传递的内容，使用户更加容易理解，就应该选择那些相对规范的形状来突出画面的主体内容。

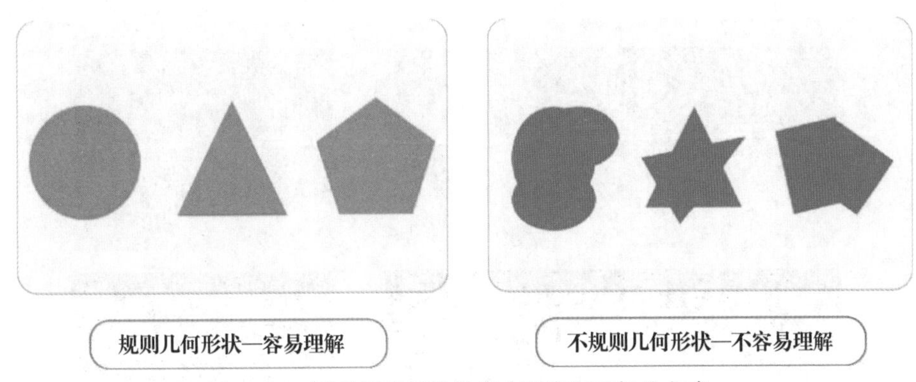

图 7-21　形状拆解要按照用户更容易理解的方式

常见的 Banner 点、线、面装饰方式归纳为圆形装饰、三角形装饰、波浪装饰和非对称装饰等。

如图 7-22 所示，圆形本身就是几何图形中较为稳定的形状，会给用户带来一定的亲和力，所以是一种比较稳定且使用频率较高的装饰方式。

图 7–22　圆形装饰方式

如图 7–23 所示，三角形本身就是尖锐的形状，一般用于特别的提醒或警示，在装饰设计中采用三角形，可以起到提醒和强对比的作用。

图 7–23　三角形装饰方式

如图 7–24 所示，波浪装饰是基于圆形装饰的，在稳定的基础上，增加柔美和视觉引导的作用，尤其在方形的 Banner 设计中，可以打破图形比例，形成视觉阻断，使画面看起来更加生动。

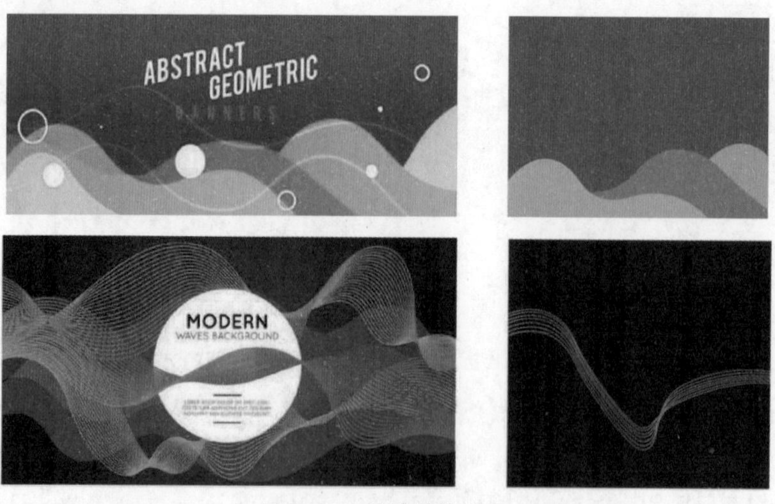

图 7–24　波浪装饰方式

如图 7-25 所示，非对称装饰是一种综合装饰方式，不是单纯依靠一种或者几种图形形状来完成的，而是需要通过合理的组合，形成强烈的视觉引导性和图形错落感，这种装饰方式需要设计师拥有一定的审美和设计能力。

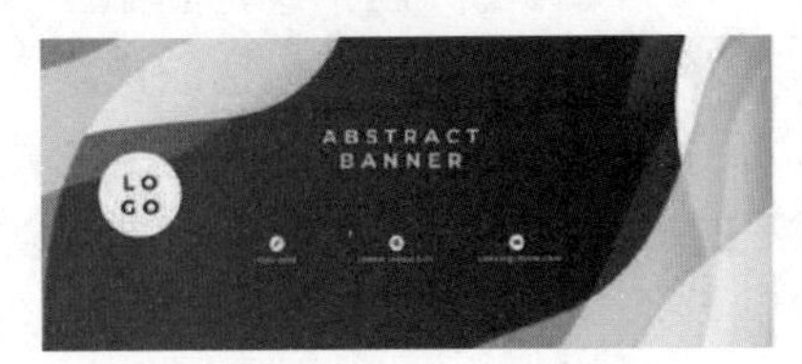

图 7-25　非对称装饰方式

7.4.2　元素的选择

点、线、面元素在画面中并不是彼此毫无联系、单一存在的，大部分情况下都是将这三种元素进行统一整合的，这样处理将有利于画面的整体感，同时也可以在保持整体性的前提下为画面氛围的营造增添细节，如图 7-26 所示。至于这些元素的选择，则可以根据画面和品牌的需求去适当地添加与筛选。

OK

少“点”

少“线”

少“面”

图 7-26　利用点、线、面混合制作的 Banner 效果对比

7.5　Banner 的设计规范

在 Banner 设计中，除了构图、配色、字体和装饰外，还有一定的规律，可以辅助设计完成合格的 Banner 作品。

7.5.1 构图规范

在 Banner 设计中，常见的三种构图方式包括对称式构图、居中式构图和左右式构图。这三种方式的最大优点在于其构图极其简单、清晰，能够有效地展示所要传达的内容，并最大限度地将画面中的空间利用起来，提升 Banner 的画面利用率。

如图 7-27 所示，由于三种构图方式都有固定的排列模式，所以在进行批量创作时将有利于设计师的快速复用，大大节省了设计的成本。

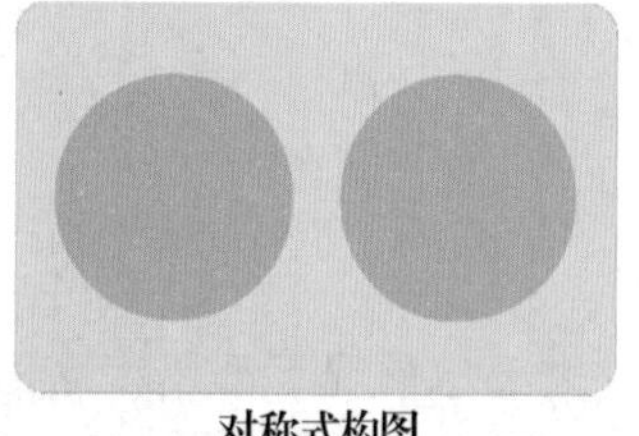

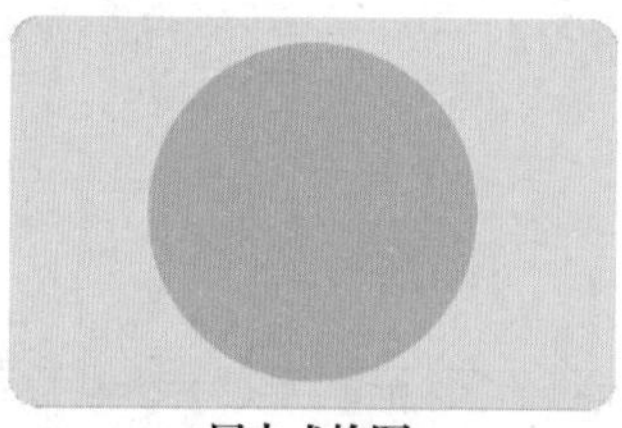

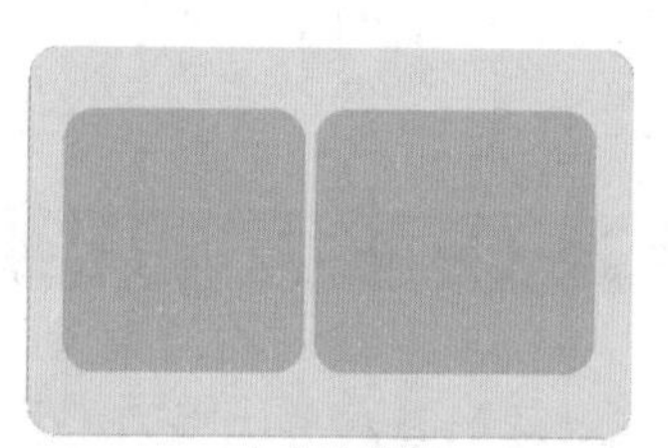

图 7-27　常见的构图方式

(1) 对称式构图：如图 7-28 所示，通过对画面的平均分割使其保持相对的平衡，对称式构图能在视觉上给予观者一种简洁、有力、稳固的效果。

图 7-28　对称式构图

(2) 居中式构图：如图 7-29 所示，居中式构图就是将主要的内容放置在画面中心的一种构图方式。这种构图方式最明显的优势就是能够直接、明确地突出主体，而且画面容易取得左右平衡的效果。

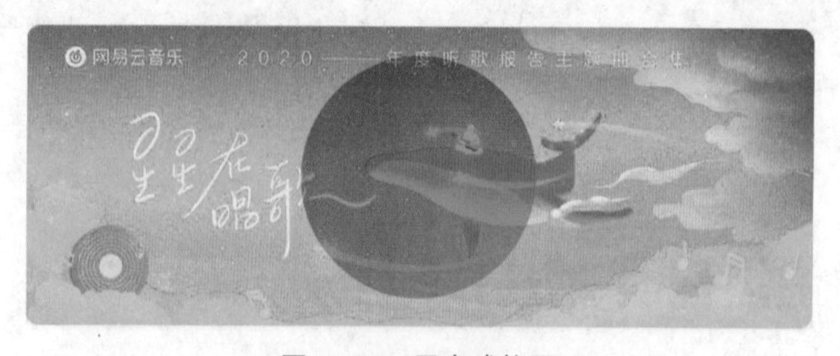

图 7-29　居中式构图

(3) 左右式构图：如图 7-30 所示，左右式构图就是将画面分割成左右两大区域来分别放置不同区域内容的一种构图方式。这种构图方式是依据于黄金比例的原理来进行分割的。在设计时根据实际情况进行调整，将文字标题等元素与主体物按照黄金比例进行位置安排。

图 7-30　左右式构图

从空间利用率上来说，这三种构图形式的空间利用率相对较高。如图 7-31 所示，无论是对称式构图、居中式构图还是左右式构图都采用了 x、y 轴的直线排布，尽量避免了斜线或曲线构图的方式。直线排布可以有效地节省空间，避免产生多余的空间缝隙；而斜线排布或者曲线排布无可避免地会产生多余的空间缝隙，无法充分使用。

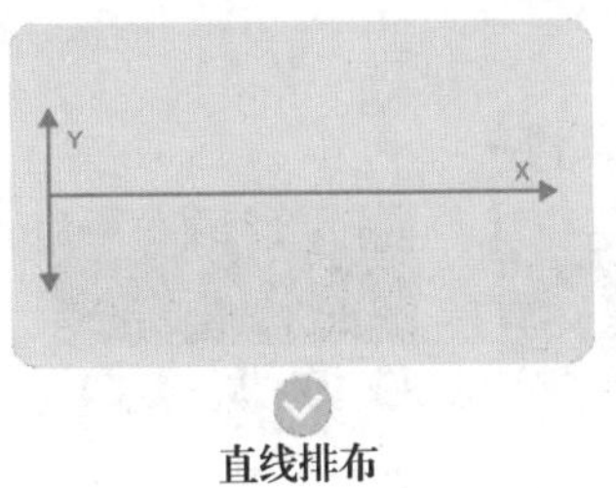

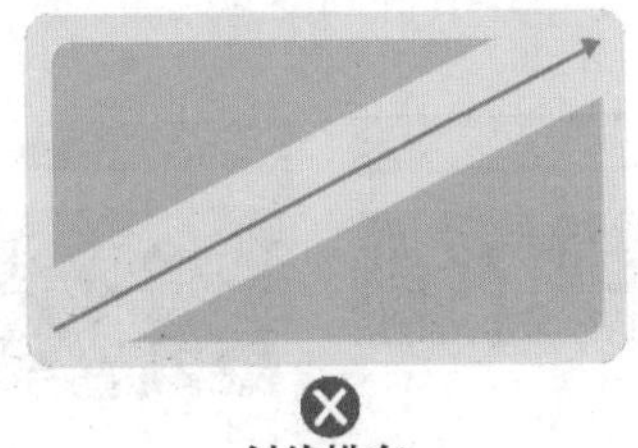

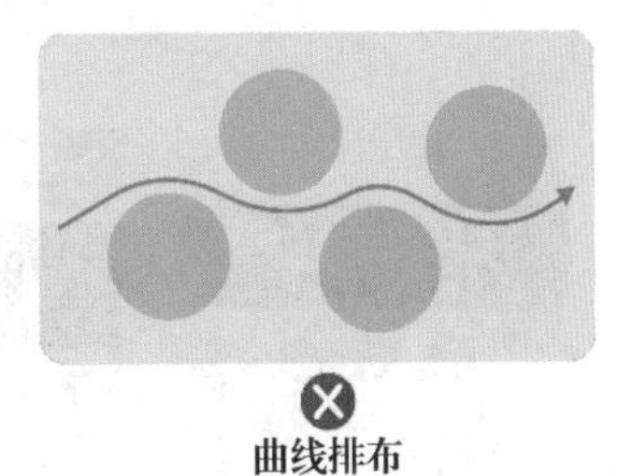

图 7-31　构图排布方式比较

如图 7-32 所示，这三种常见构图结构简单，易于修改，通过修改主体物和标题信息，可以将 Banner 的版式快速复用到其他运营活动中，大大节省了设计成本，提高了工作效率。

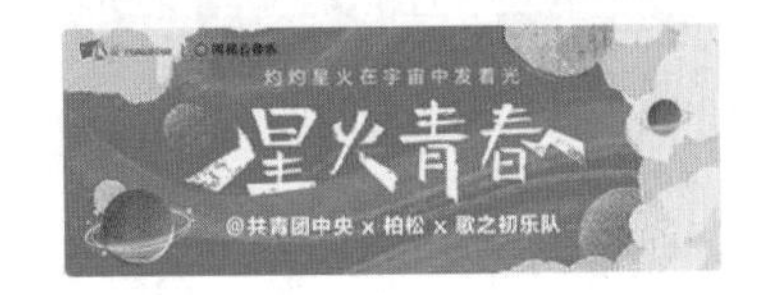

图 7-32　常见构图结构的应用效果

在单个页面中，导致构图形式可选范围缩小的最直接原因就是 Banner 区域变小。由于当下不同产品结构的变化，每种业务会随着产品的成熟逐渐增多，首页第一屏所需要呈现的业务就更多，所以设计师在设计 Banner 时就不得不缩小 Banner 的面积，以节省出更大的空间来供其他业务使用。

如图 7-33 所示，Banner 设计尺寸由原来通用的 4 : 3 的比例大小逐渐缩小至 5 : 3 或 5 : 4 的比例尺寸大小（均四舍五入选取近似值）。如图 7-34 所示，美团、淘宝、京东和网易云音乐的 Banner 比例就会因其涉及内容的不同而各不相同。

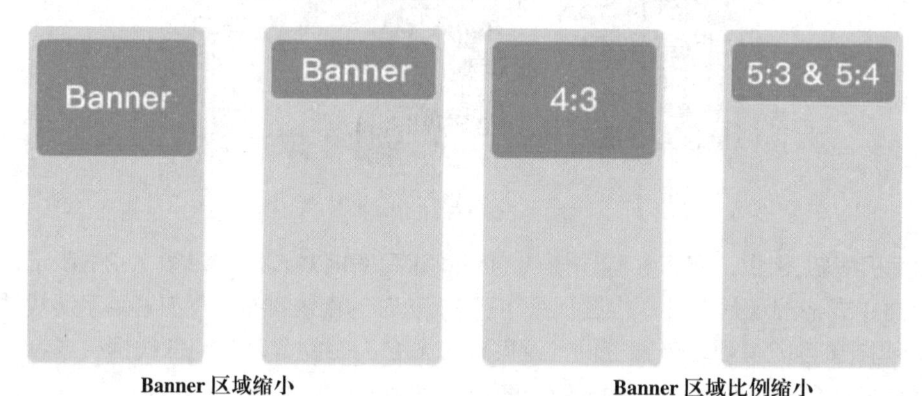

图 7-33　Banner 区域缩小示意图

图 7-34　各 App 界面不同的 Banner 比例

7.5.2　切换样式

Banner 的切换样式主要分为 6 类：单张切换样式、多张切换样式、功能切换样式、特殊排版一致类布局、特殊背景类和复合拓展类。

1. 单张切换样式

单张切换样式一般分为全部撑满、宽屏撑满和未撑满三种。如图 7-35 所示，全部撑满样式在 Banner 设计中逐渐被弃用，这主要是因为全部撑满的样式对运营图的要求比较高，需要做到风格和颜色尽量一致，才不会影响整个 App 风格的展示效果；而宽屏撑满的样式，适合在有主色调压轴的情况下使用，多应用于风格多样的购物平台；未撑满的样式比较特殊，可以实现一些特殊的效果。

图 7-35　全部撑满、宽屏撑满和未撑满三种单张切换样式

2. 多张切换样式

多张切换样式分为走马灯式轮播、右侧滑动类样式与堆叠类样式。如图 7-36 所示，走马灯式轮播是 App 中常见的样式；如图 7-37 所示，右侧滑动类样式又分为信息展示类侧滑和侧滑景深类两种，这类滑动样式多用于二级页面，一般 Banner 可以自动播放视频；如图 7-38 所示，堆叠类样式分为纵向和横向层叠，一般位于中间位置，区别于其他常见的 Banner 样式，主要应用于展示图片较多的场景，使页面形式多样化。

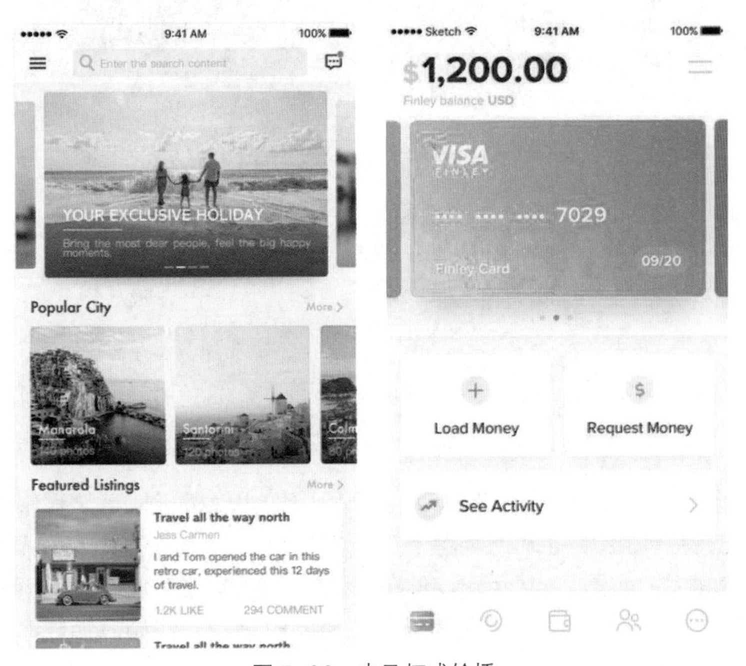

图 7-36　走马灯式轮播

图 7-37　右侧滑动类样式

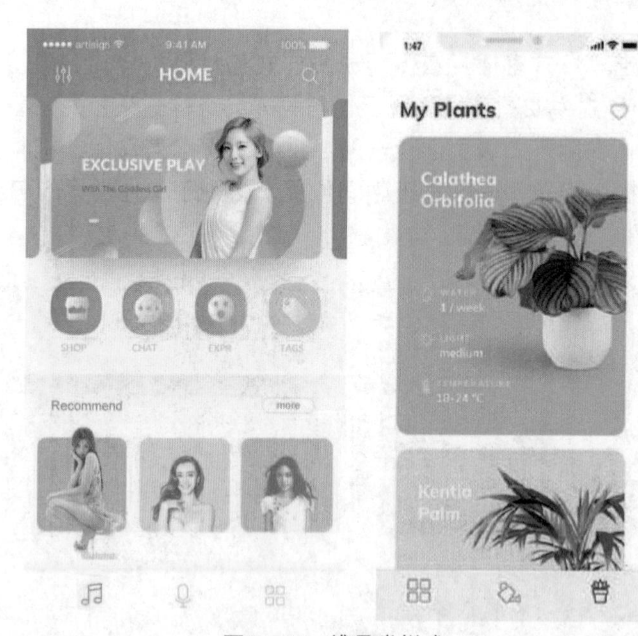

图 7-38　堆叠类样式

3. 功能切换样式

功能切换样式一般分点击展开播放类样式、信息归纳切换类样式与功能附加类样式三种。如图 7-39 所示，点击展开播放类样式通常用于视频与音频类 App 中，点击较窄色块的 Banner，即可打开相应的播放类别；如图 7-40 所示，信息归纳切换类样式通常用于电商商品促销类的页面；功能附加类样式通常在当前 Banner 需要添加附加功能时采用，例如添加收藏或添加购物车等功能，通常也是在商品展示类页面中使用得较多。

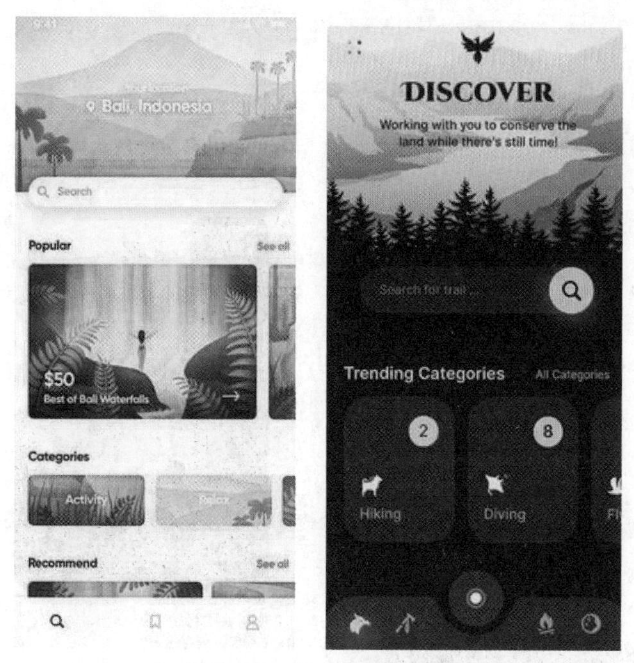

图 7-39　点击展开播放类

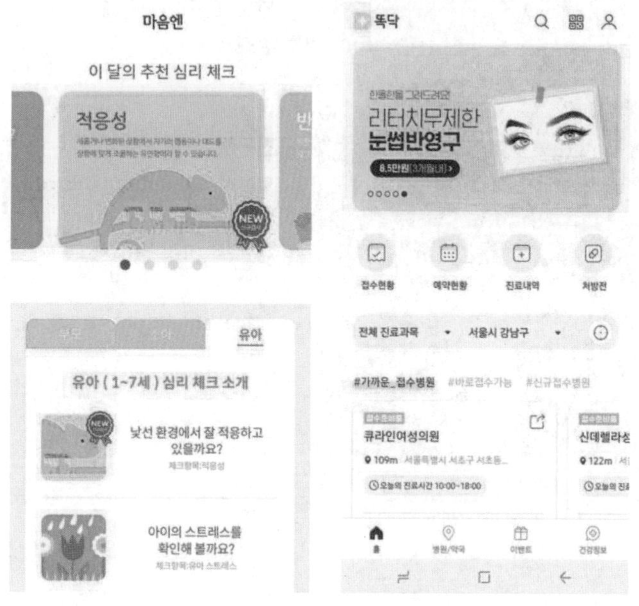

图 7-40　信息归纳切换类

4. 特殊排版一致类布局

特殊排版一致类一般分为图文错开类样式、图文关联类样式与文本一致类样式三种。如图 7-41 所示，图文错开类样式一般适用于想要有个性化页面展示的 App，这类 App 相对于其他中规中矩的 App 会有更多的创意类元素发挥；如图 7-42 所示，图文关联类样式一般适用于每个 Banner 都有一致性的文案和标签信息展示的时候；文本一致类样式多用于使用不同的图片作为背景，且图片上都有蒙版作为遮罩，每个不同的 Banner 上的文字大小与排版都是相同的。

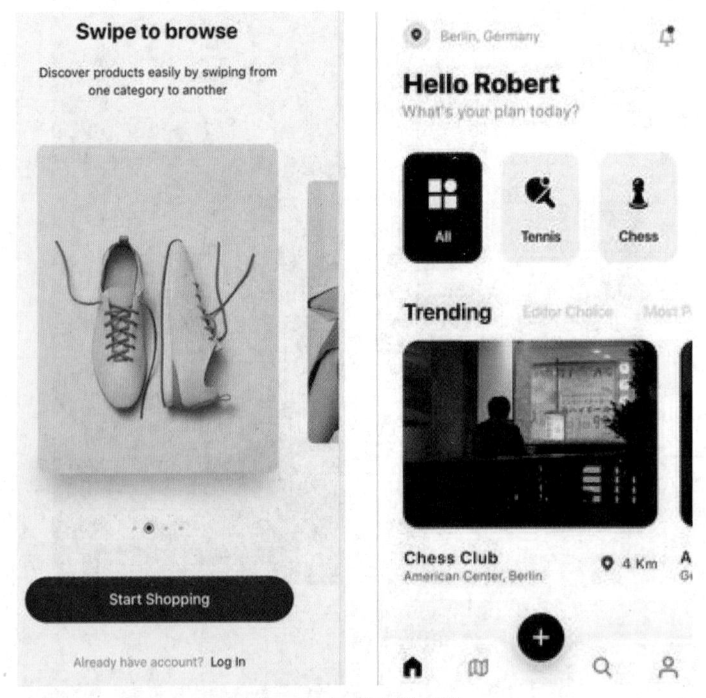

图 7–41　图文错开类

图 7–42　图文关联类

5. 特殊背景类

特殊背景类型一般分为异形背景类样式、图片元素背景切换类样式与图片背景模糊处理样式三种。如图 7-43 所示，异形背景类样式一般适用于个性化展示，区别于同类 App 的展示形式，通常以品牌色为主；图片元素背景切换类样式可以丰富当前活动页面中的氛围，一般电商类 App 使用较多；图片背景模糊处理样式，一般背景可以随图片而切换。

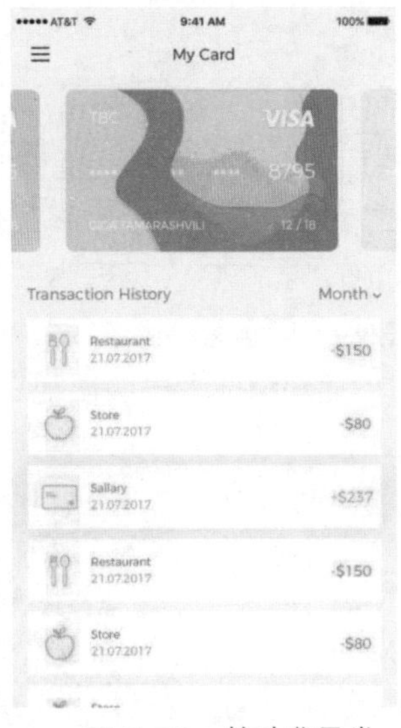

图 7-43　特殊背景类

6. 复合拓展类

复合拓展类型一般分为纵向层叠列表样式、沉浸式 Banner 加功能类样式、Banner 视频与图片叠加类样式。如图 7-44 所示，纵向层叠列表样式属于比较特殊的展示类别；沉浸式 Banner 加功能类样式常用于电商推荐的商品需要沉浸式展示的情况；Banner 视频与图片叠加类样式主要用于期刊类专题页面展示。

图 7-44　复合拓展类

7.5.3 功能规范

Banner 的作用类别分为运营推广、频道入口、外部广告与公告这几类，第一种应用占比最大。

1. 轮播样式

轮播有三种常见的样式，即轮播图 Banner、胶囊 Banner 与白底模板 Banner。如图 7–45 所示，轮播图 Banner 通常放在首页的顶部，用来承载运营推广等重要信息，也是日常生活中最常见的 Banner；胶囊 Banner 在电商产品中运用较多，样式大多是全圆角矩形，这类 Banner 的时效性特别强，一般一两天后就会撤销，当有特大且短时的促购信息时会用到，一般穿插在首页中上部展示；白底模板 Banner 则常在一些运营强度较弱、权重中等的专题活动中使用，常见样式是左文右图，由主标题、副标题和小插画组成，一般出现在首页中下位置。

轮播图 Banner

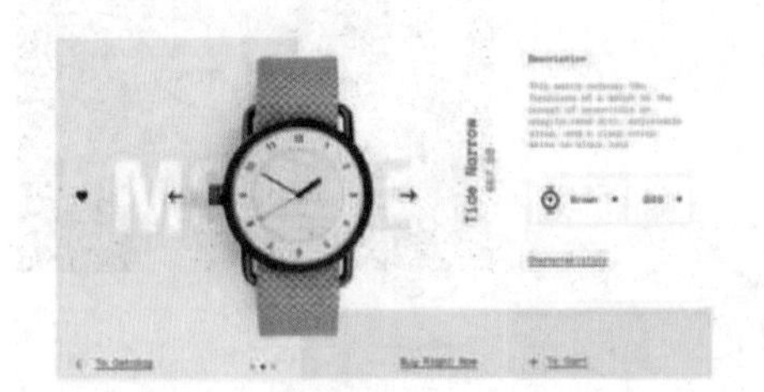

胶囊 Banner

白底模板 Banner

图 7–45　轮播图 Banner、胶囊 Banner 和白底模板 Banner 的效果

2. 风格分类

按风格分类大致有时尚类、文艺类、插画类、炫酷类、简约类、复古类与图片类 7 种。

(1) 时尚类：如图 7–46 所示，适用于电商、娱乐等产品。

图 7–46　时尚类 Banner 效果

(2) 文艺类：如图 7–47 所示，适用于社交、音乐等产品。

(3) 插画类：如图 7–48 所示，适用范围较广，多在金融、教育、社交、娱乐等产品中使用。

(4) 炫酷类：如图 7–49 所示，适用于科技、工具等产品。

图 7-47　文艺类 Banner 效果

图 7-48　插画类 Banner 效果

图 7-49　炫酷类 Banner 效果

(5) 简约类：如图 7-50 所示，适用于电子商务、高端电商等产品。

图 7-50　简约类 Banner 效果

(6) 复古类：如图 7-51 所示，适用于音乐、游戏等产品，有关节日的活动也经常用到。

图 7-51　复古类 Banner 效果

(7) 图片类：如图 7-52 所示，适用范围较广，注意文字要清晰，不要和背景融合。

图 7-52　图片类 Banner 效果

3. Banner 的拆分

Banner 由多元素组成，设计一个优秀的 Banner 并不是一件简单的事情。但是将一个 Banner 拆开，就会发现再复杂的 Banner 也是由一个个细小的部分组成的。如图 7-53 所示，Banner 内在主要包括色彩、构图、风格等; 外在主要由文案、产品图、背景与点缀等部分组成。例如图中的这个 Banner，拆分开就是红色背景、产品配图、点缀图形和标题信息。

图 7-53　Banner 是由多个元素共同组成的

4. 设计原则

Banner 设计需要遵循的 5 个原则包括凸显性、对齐性、统一性、对比性和结构平衡。

(1) 凸显性：Banner 的标题文案和背景间是一定要明显拉开层次的，不能使标题和背景融为一体，这样将无法很好地突出主题，Banner 的识别度就会降低。如图 7-54 所示，Banner 设计的目的是让用户一眼便可以注意到表达的主要信息，如果用户在一两秒内看不清内容，就会失去对 Banner 的关注，在设计时需要尽可能地避免这种情况。

(2) 对齐性：Banner 的内容都要有一个对齐的准则，尤其是文案中每个元素，都有自己应该处于的位置，要有秩序化，才有舒适感，如图 7-55 所示。

(3) 统一性：字体最好不要超过三种，如图 7-56 所示。字体太多容易导致内容杂乱，干扰过强，风格不统一。

图 7-54　凸显性对比效果

图 7-55　对齐性对比效果

图 7-56　统一性对比效果

(4) 对比性：了解各项信息的权重大小，重要的信息要加强显示，次要的信息可以弱化，通过颜色、字号、字重，或者添加视觉元素的手法来表现，如图 7-57 所示。

图 7-57　对比性对比效果

(5) 结构平衡：整体布局应该协调，如图 7-58 所示。应保持重心稳当，避免头重脚轻、主次不分而出现不平衡的情况。

图 7-58　结构平衡对比效果

5. 注意事项

(1) 点缀：在使用点缀的时候，要谨慎选择，使用不当或使用过多花哨的元素，不仅会影响主体，而且会干扰观者的阅读。如图 7-59 所示，点缀元素的选择要考虑整个画面的布局和节奏，同时也要考虑商业宣传的需求，避免过犹不及。

图 7-59　增加点缀以提高生动性

(2) 字体：在使用字体设计文案的标题时，要考虑到字体版权问题，最好能够自己进行设计，如果使用现有的字体，一定要使用可商用的字体。如图 7-60 所示，字体的选择要易识别，可读性强。

图 7-60　增加美工字体以体现独特性

(3) 按钮：有时为了提高用户的参与度和点击率，或者为了丰富文案的内容，会在 Banner 上增加卖点标签。如图 7-61 所示，这个按钮和标签必须在整体上突出显示，拉开与文案和背景的层次，以此来吸引用户的注意力。

图 7-61　增加按钮控件以突出重点

(4) 尺寸：如果 Banner 在多个平台投放，则需要设定多种尺寸以满足不同平台的要求，根据最终平台的尺寸制作出不同规格的效果图。对于缩略图等较小尺寸的图片，最好模拟上线效果，确保 Banner 的辨识度达标，以保证整体的风格搭配。

7.6 实践案例

虽然在 UI 设计应用中 Banner 设计只占很少一部分，但是其涵盖的内容和知识却是最多的，如版式、字体、配色、摄影和图形设计等，都是一个完整的 Banner 设计应该具备的内容。

7.6.1　主字体 Banner 设计

主字体设计的 Banner，就是以字体设计为中心，通过对颜色和图形元素的搭配完成整体的 Banner 设计，字体设计必须与主题风格相统一。

图 7-62 是一款食物风格的 Banner 设计，主要采用深色底色，配以插画风格的食物图形，中间采用手写体的主字体设计，使画面更加生动，突出 Banner 的主题；如图 7-63 所示，该设计采用红色作为背景，搭配具象化食物图像，采用非衬线体字体和不同粗细的字重，使画面更加稳定并具有视觉冲击力。

图 7-62　主字体设计 Banner 1

图 7-63　主字体设计 Banner 2

如图 7-64 所示，该设计采用撞色设计，搭配手写字体和手绘图形，让画面显得更加生动；如图 7-65 所示，该设计采用同色系设计，搭配等线体，让画面更加统一，显得更加稳定；如图 7-66 所示，该设计采用混色设计，使用不同色系的颜色进行对比，增强视觉冲击力。

图 7-64　主字体设计 Banner 3

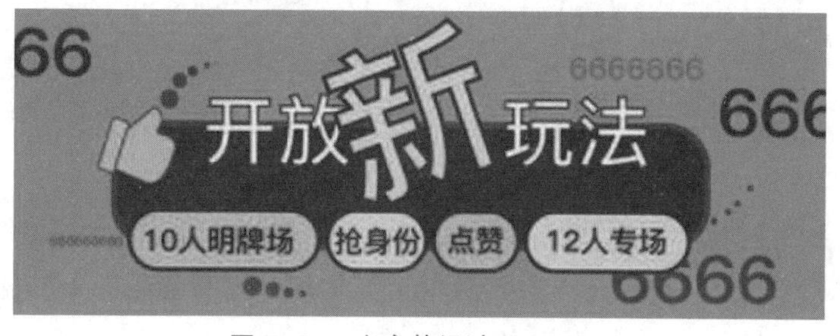

图 7-65　主字体设计 Banner 4

图 7-66　主字体设计 Banner 5

7.6.2　主产品 Banner 设计

主产品的 Banner 设计重点在于产品商业摄影，其突出的是产品本身的质感，所以大多围绕着产品本身进行设计，不会采用过多的颜色，以免影响到产品本身的视觉展示。

如图 7-67 所示，该设计采用左右分割的构图方式，以符合产品色调的单色作为背景，突出产品细节，文字通过不同字重的对比，与产品图形成稳定的构图；如图 7-68 所示，该设计采用乱序的构图方式，突出产品的细节和特点，搭配不同字重的文字，与产品形成稳定的构图。

图 7-67　主产品 Banner 设计 1

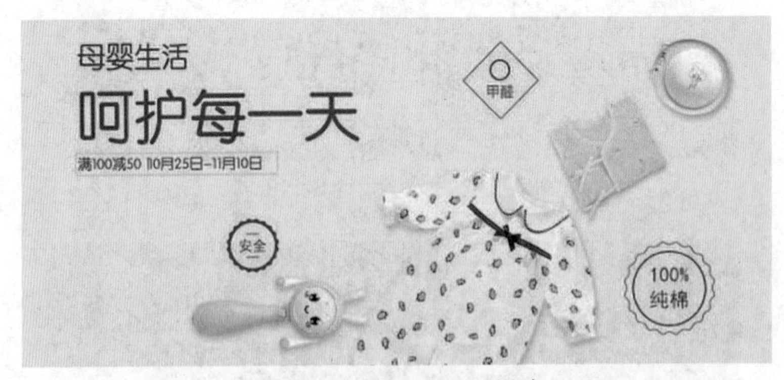

图 7-68　主产品 Banner 设计 2

如图 7-69 所示，该设计使用中心分散式构图，以白色为背景，左、中、右三个位置辅助动物图片，以展现 Banner 的主题特征，中间辅助非衬线体不同字重的文字，搭配带有宠物元素的图形，使画面更加生动。

图 7-69　主元素 Banner 设计

7.6.3　主版式 Banner 设计

主版式的 Banner 设计重点在于图文混排，这类 Banner 设计一般需要体现大量的文字信息或突出文字信息，需要对图片和文字的混排进行研究，更加考验设计师对版式设计的理解和应用。

如图 7-70 所示，该设计整体颜色使用了补色设计，蓝色和黄色互为补色，增加了主体的视觉冲击力，背景使用不同字体、不同字重的文字混排，配合点、线、面的装饰，让画面看起来更加饱满，使设计更加完整；如图 7-71 所示，该设计整体颜色使用了同色系设计，粉色和粉红色为同色系，采用中心构图方式，突出中心的模特主体和文字主体，使整体的风格更加统一。

图 7-70　主版式 Banner 设计 1

图 7-71　主版式 Banner 设计 2

7.6.4 主插画 Banner 设计

主插画的 Banner 设计重点在于利用插画这一种表现形式，来突出画面的内容和视觉冲击力。根据插画的类别和形式，所带来的 Banner 风格也大不相同，在具体的使用过程中要根据不同的应用环境来适当选用。

如图 7-72 所示，该设计采用抽象元素作为插画的主风格设计，与 Banner 主题相配合；如图 7-73 所示，该设计采用经过提炼的具象元素作为插画的主风格设计，与 Banner 主题相配合。在使用风格化的插画作为 Banner 视觉设计的时候，务必要保证与要表达的信息相符，不要让用户对视觉内容混淆，尤其不要产生歧义。

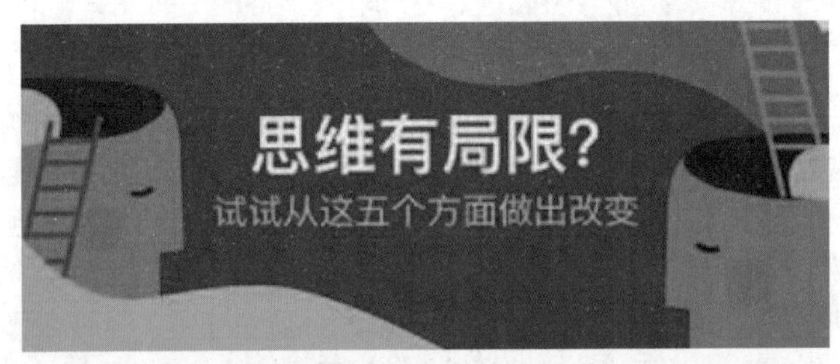

图 7-72　主插画 Banner 设计 1

图 7-73　主插画 Banner 设计 2

目前比较流行的插画风格是使用抽象元素，降低个性化特征，比较适合各种场景下的 Banner 设计。如图 7-74 所示，该设计采用同色系对比，使画面看起来更加温馨；如图 7-75 所示，该设计使用多颜色的对比色设计，使画面看起来更加活泼。

图 7-74　主插画 Banner 设计 3

图 7–75　主插画 Banner 设计 4

7.6.5　主配色 Banner 设计

主配色的 Banner 设计重点在于利用对配色的把握，配合 UI 的整体风格设计，使其更加协调。在处理主配色的 Banner 设计的时候，部分视觉元素可以适当地取舍。

图 7–76 属于紫色系的设计；图 7–77 属于绿色系的设计；图 7–78 属于蓝色系的设计。

图 7–76　主配色 Banner 设计 1

图 7–77　主配色 Banner 设计 2

图 7–78　主配色 Banner 设计 3

7.6.6 Banner 的制作流程

01 构思 Banner 的主题，本主题设计的是 2020 新年活动大酬宾，先大概制作好 Banner 的原型框架，分成左右两部分进行设计，左侧主要是对此设计主题进行呈现，而右侧是对本活动内容的展示，还有对文字和内容上进行简单的排版，如图 7-79 所示。

图 7-79　对版式进行大致的分割

02 如图 7-80 所示，设计颜色选用了 #f2be00（姜黄色）和 #3a2053（深紫色）作为主色调，整个画面是由这两种撞色构成的；辅色调是由 #f5c74e（浅姜黄色）和 #f7f6f6（浅灰色）在画面上进行装饰。

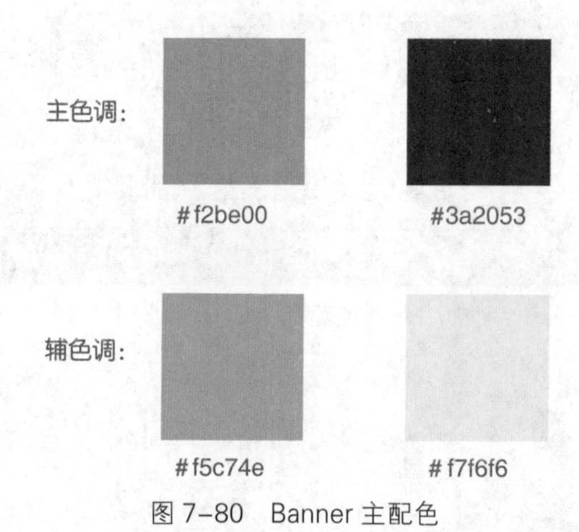

图 7-80　Banner 主配色

03 如图 7-81 所示，为 Banner 增加图形元素，右侧椭圆形转为 45° 角进行不规则排列，对右侧整体进行装饰。

图 7-81　增加视觉图形元素

04 根据背景色对文字颜色进行调整，左侧文字大小：副标题为 13px，大标题为 56px，小标题为 17px，且三行文字居中对齐；右侧文字大小：活动题目为 21px，活动内容都为 18px，对齐方式为右对齐；画面填充对应颜色，搭配上装饰后的整体效果如图 7-82 所示。

图 7-82 增加字体元素

05 如图 7-83 所示，左侧整体文字底部装饰也是由 45° 角的椭圆形进行不规则排列形成的，颜色选择了辅助色 #f5c74e（浅姜黄色）；如图 7-84 所示，小标题的背景是由 4 个椭圆形进行结合，颜色选择了辅助色 #f7f6f6（浅灰色），整体效果如图 7-85 所示。

图 7-83 增加大标题背景元素

图 7-84 增加小标题背景元素

图 7-85 增加字体背景元素后的效果

06 如图 7-86 所示，将 Banner 内的文字修改成主题相关的内容，并将右侧装饰内容进行最终修正。

图 7-86 修改 Banner 文字内容

07 如图 7-87 所示，制作规则的几何图形，对左侧的整体画面进行装饰，让整个画面看起来更加丰富；元素颜色使用主色调 #3a2053(深紫色) 和辅色调 #f7f6f6(浅灰色) 进行填充。

图 7-87　增加图形元素

08 对 Banner 进行最终修饰，将图形、字体和颜色等元素进行调整，整体效果如图 7-88 所示。

图 7-88　Banner 完成最终效果

第 8 章　动效制作原理与实践案例

本章概述：

本章主要讲解基于 UI 动效的基本原理，并分析动效对用户行为的影响，总结出常见的动效方案。

教学目标：

通过对本章的学习，让读者了解基于用户行为的动效的制作思路，掌握基本的动效制作方法。

本章要点：

动效的非线性动作原理和用户行为研究。

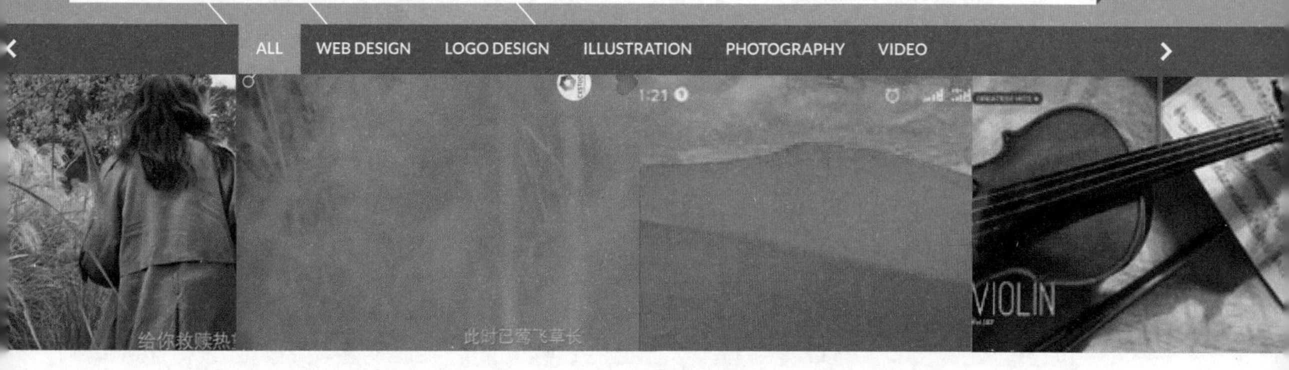

动效设计通过动态效果，利用运动视觉效果，吸引用户视线，起到突出重点或引导视线的作用，是提升用户视觉体验的一大方式。

8.1 动效的分类

动效设计大致可以分为机内动效和展示动效两种，其动画制作原理是相同的。机内动效指在终端自身系统或者 App 界面设计时就内嵌入的动态效果；展示动效指单独用于 UI 效果的动态效果。

图 8-1 是 iOS 界面的输入框指示器，当需要输入文字时，底部键盘以动效方式弹出，并且在中部以动态的方式显示备选词语，引导用户视线至整体界面的中间。图 8-2 是 iOS 的设置界面，设置界面右侧的按钮，当用户操作的时候，会在绿色选中和灰色未选中的状态之间进行切换。这两种情况属于机内动效。

展示动效的类别比较多，Banner 动画、图标演绎和界面切换都属于展示动效。静态像素的呈现，会导致在视觉上缺乏元素的连续变化，过于复杂和冗余的动画会增加用户的认知负担。所以动效是 UI 设计的点睛之笔，合理且生动的动效，会为 UI 注入新的灵魂。

动效设计就是从一个静态状态跳转到另外一个静态状态的过程。下面列举 6 种最常见的界面动效展示效果。

图 8-1　iOS 输入框指示器

图 8-2　iOS 设置中的动效按钮

1. 转场过渡

转场过渡是指从一个界面跳转到另一个界面的过程，静态界面的直接切换会显得比较单调，而中间增加了转场过渡的效果之后，会让操作更加流畅和自然。但是设计师需要注意的是，不能为了让动效在视觉上更加炫酷，而降低用户操作的流畅性和连贯度。

图 8-3 是微信朋友圈的跳转界面，点击朋友圈按钮后，按钮呈现灰色状态给予用户操作反馈，朋友圈页面没有直接跳转，而是通过自右向左划入的方式完成页面的切换。

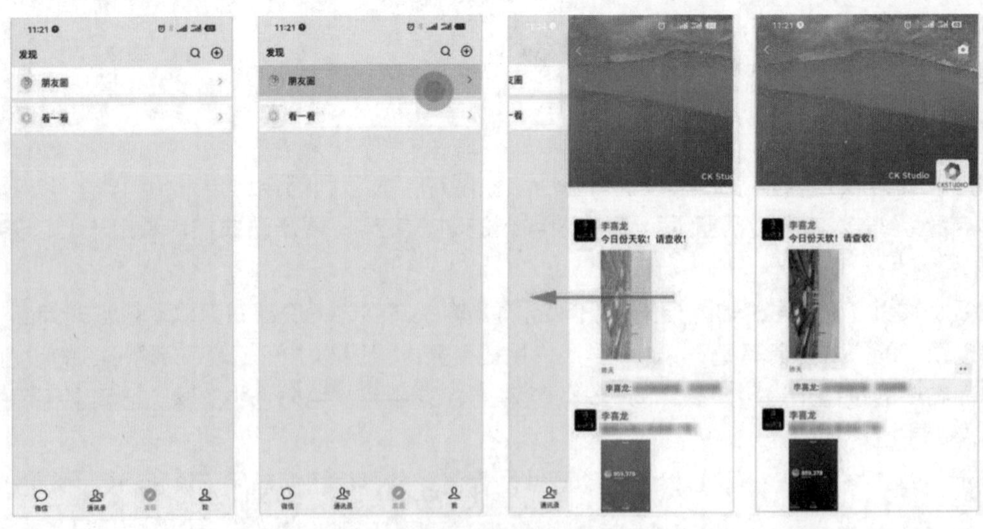

图 8-3　微信朋友圈跳转动态效果

2. 层级展示

人眼是具备一定的视觉特性的，例如物体的近大远小、运动的近快远慢等。所以当界面中的元素存在不同层级时，恰当的动效有助于用户理解。层级展示动效，不得违背人的视觉习惯。

图 8-4 为锤子 Smartisan OS 系统中的多任务切换动态效果。用户拇指在界面中下部，自下向上滑动并停留，就会激活多任务显示，再左右滑动进行选择。如果需要激活其中某一个进程，只需要点击对应的界面，界面继而以动效方式充满屏幕；如果需要关闭其中某一个进程，只需要在对应的界面向上滑动。

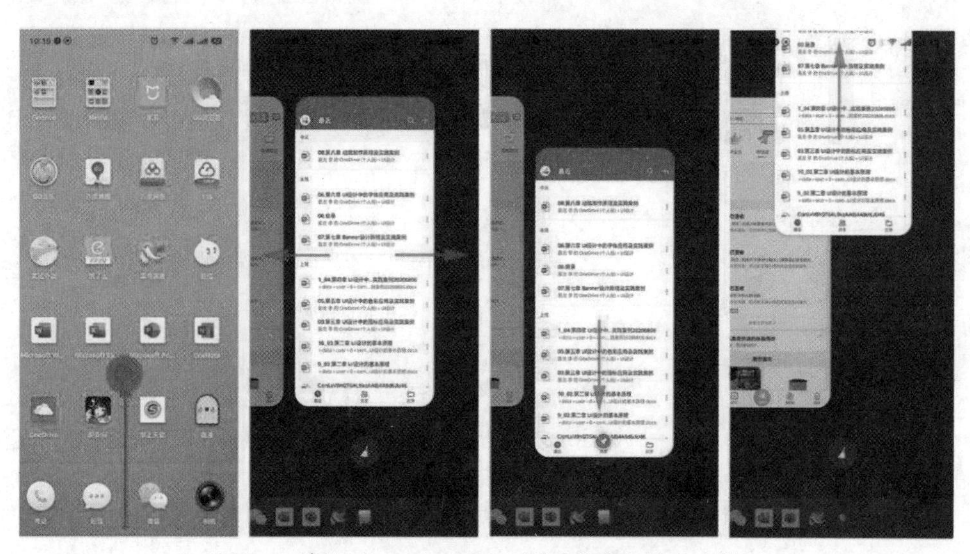

图 8-4　锤子 Smartisan OS 系统多任务切换动态效果

3. 空间扩展

在 UI 设计中，通常使用单版面排版的方式，这种排版方式相对简单，但是会造成空间的浪费。所以在 UI 设计中，可以考虑通过动效折叠、翻转、缩放等形式拓展附加内容的存储空间，以渐进展示的方式来减轻用户的认知负担。

图 8-5 为豆瓣 FM 的主界面，可以通过上下滑动切换歌单，通过向右滑动切换到扩展选项。

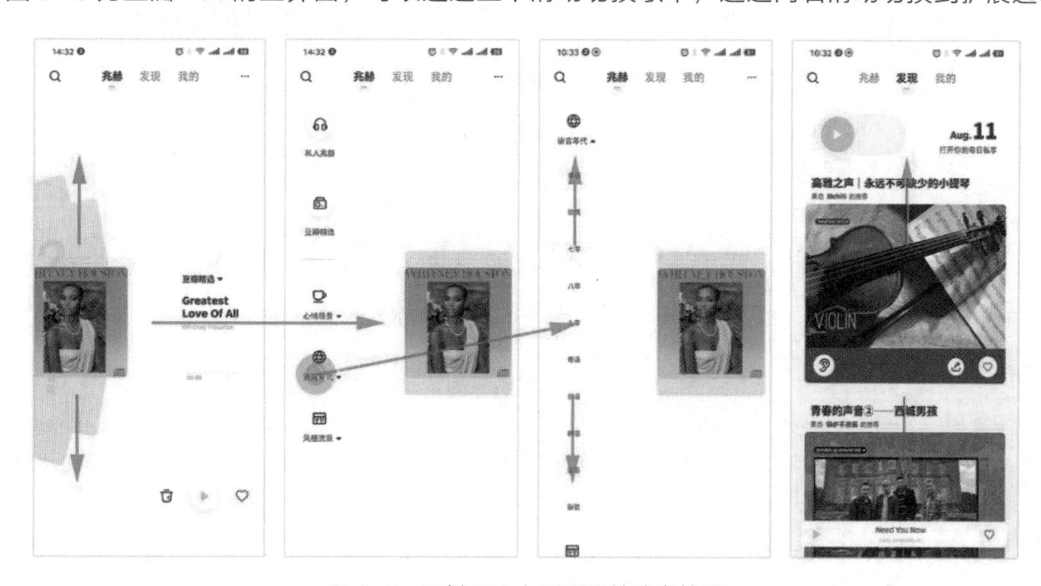

图 8-5　豆瓣 FM 主界面跳转动态效果

图 8-6　京东 App 中的焦点图动态效果

4. 聚焦关注

聚焦关注是通过元素的动作变化，提醒关注特定的内容信息。这种方式可以在降低视觉元素干扰的情况下，使界面更加清爽、简洁。聚焦关注的动效，务必是用户操作以后才会显现的。

图 8-6 为京东 App 中的首页焦点图动效，属于聚焦关注的一种，也是在首页中唯一可以动的视觉元素，可以起到展示和强调的作用。

5. 内容呈现

UI 中的视觉元素按照设定好的视觉级别逐级呈现，引导视觉焦点走向，帮助用户更好地了解功能之间的关系、操作的重点及视觉的中心。

如图 8-7 所示，达达快递 App 中可以通过点击、缩放和滑动等动效，对订单进行操作，对地图中的轨迹进行查看，便于用户更好地理解空间与地理的位置关系，提升用户体验。

图 8-7　达达快递 App 地图应用动态效果

6. 操作反馈

操作反馈，是指用户在进行操作时，任何点击、长按、拖曳和滑动等交互行为，都应该以视觉或动效的方式得到系统的即时反馈，帮助用户了解当前系统对交互过程的响应情况，为用户带来安全感。

如图 8-8 所示，在 iPhone 中当激活 Siri 语音时，下面的按钮会以不同的动效告诉用户目前的状态，也在上方以音频波形的方式辅助用户完成语音的输入。在对用户信息进行处理后，又会以文字和语音信息做出反馈。

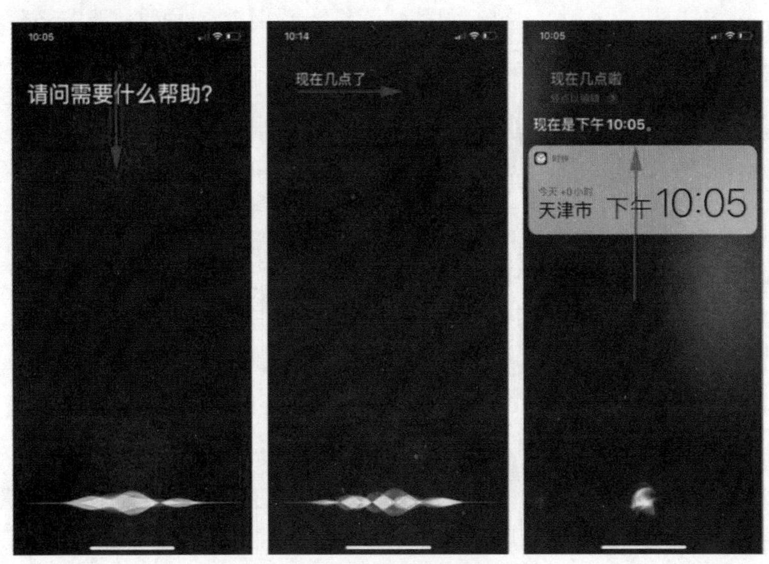

图 8-8　Siri 语音动态效果

从定义来看，满足用户的心理需求与提升产品的用户体验，是动效设计的目标。满足用户的心理需求是对交互设计的完善与补充，包括引导用户操作、对用户的操作进行反馈等；提升产品的用户体验是交互设计的升华，包括减少用户在使用过程中的不适感，增强产品的操作流畅度，提升产品的气质。

8.2　动效的原理

UI 中的动效设计与传统动画的原理是相同的，是传统动画中计算机动画的一种特殊形式。动画是由逐帧动画和补间动画组成的。逐帧动画就是动画以一帧一帧的形式构成，每一帧都需要有对应的静态帧，进而组成完整的动画效果；补间动画是计算机动画中才有的特殊动画形式，不需要再像逐帧动画那样由一个个的关键帧组成，而是仅需要设定关键的动作节点，然后根据动势，通过在计算机内的设置，由计算机演算完成动画。补间动画也是研究 UI 动效设计中的主要内容。

在 UI 的动效设计中，经常用到两款主流软件，即 Adobe After Effects 和 Adobe Animate，这两款软件的动画原理和操作原理是一样的，都是利用补间的方式完成动画。

Adobe After Effects 主要用来制作影视特效，是一款专业的影视特效软件，除影视特效外，经常用来完成诸如 MG 动画、产品动效展示等内容。在 UI 的动效设计中，Adobe After Effects 更适合完成基于位图图像的动效设计。

Adobe Animate 的前身是 Adobe Flash，由于 Flash 技术在互联网上逐渐被淘汰，所以现在的 Adobe Animate 主要侧重点是交互动画和 HTML 5 动画，在不改动原有软件操作方法的基础上，可以使 Flash 软件的操作得以延续。由于其无缝转接 HTML 动画、独有的 ActionScript 交互动画和基于矢量图形这三个特点，成为动效设计的首选。

不管是用 Adobe After Effects 还是用 Adobe Animate 来制作动效，其都依托于 Adobe 强大的软件体系，都可以和 Adobe 公司的同系列软件无缝衔接，保证高度的兼容性。

8.3 动效的动画运动分类

根据传统动画原理及目前主流动效软件中的操作，UI 动效设计主要由如下几种动画运动方式组成，只要理解并合理应用这几种动画运动方式，就可以实现大部分的动效效果。

8.3.1 缓动

在现实中，很少有运动是匀速的，在动效中加入缓动的效果能够让运动显得更加自然，这是运动的基本原则之一。缓动其实就是利用数值化来模拟力的加速度，缓动主要由如下 4 种形式组成。

1. 匀速运动

匀速运动，指物体在从 A 点到 B 点时速度是一定的。在动效设计中，极少的情况下才会使用匀速运动。匀速运动会显得比较僵硬，不符合物理世界的规律，真实的运动状态下，物体的速度是会随着运动状态发生变化的。

图 8-9 是物体匀速运动时运动距离随时间的变化曲线，物体运动时使用的时间和经过的距离都是固定的。在动效设计中，虽然不常使用匀速运动，但是匀速运动是所有运动的基础。

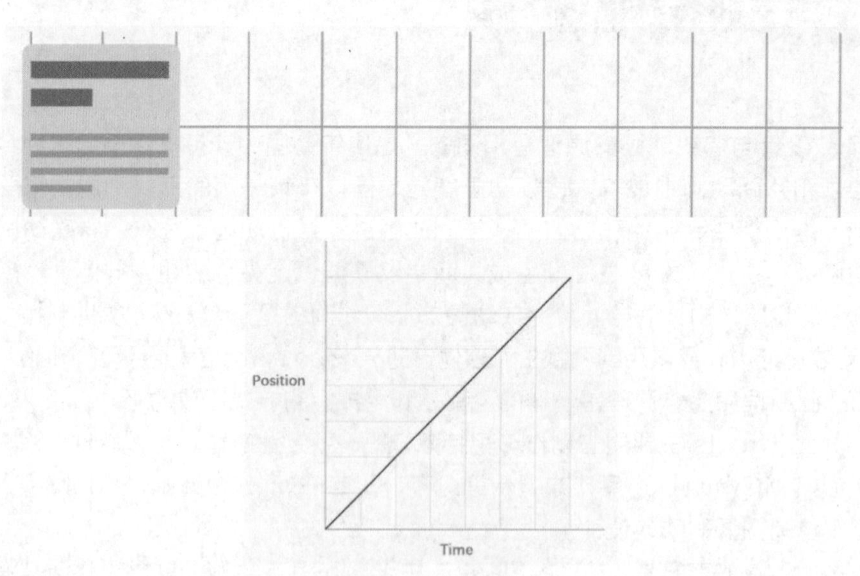

图 8-9　匀速运动曲线

2. 减速运动

减速运动，指物体在从 A 点到 B 点时速度是越来越慢的。相比于匀速，开始的时候快，结束

的时候慢。

图 8-10 是物体减速运动时运动距离随时间的变化曲线，物体运动时单位时间内，所经过的距离越来越短。

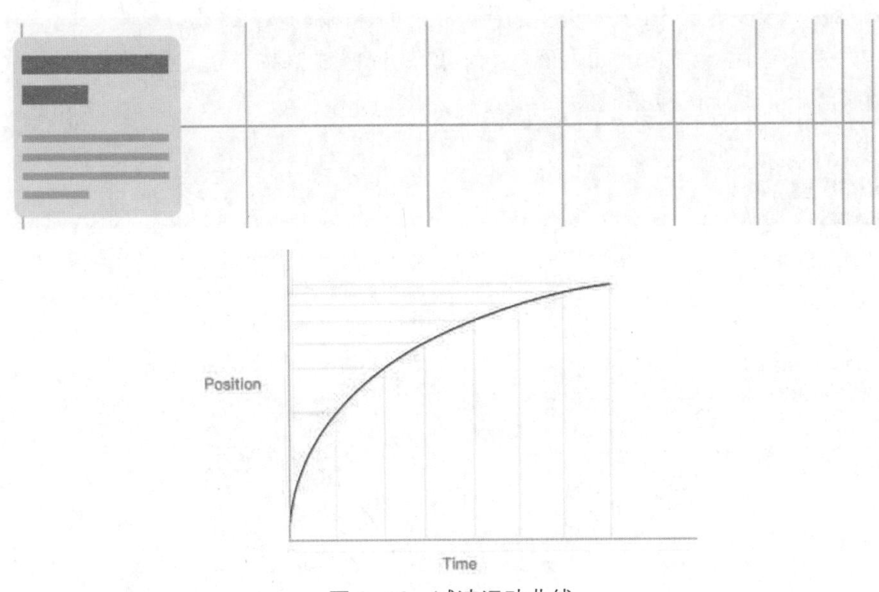

图 8-10　减速运动曲线

3. 加速运动

加速运动，指物体在从 A 点到 B 点时速度是越来越快的。相比于匀速，开始的时候慢，结束的时候快。

图 8-11 是物体加速运动时运动距离随时间的变化曲线，物体运动时单位时间内，所经过的距离越来越长。

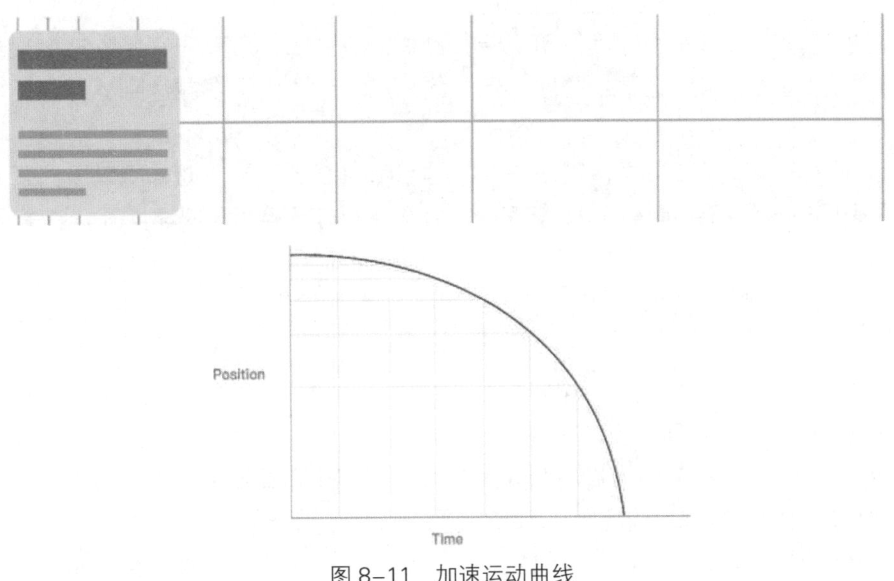

图 8-11　加速运动曲线

4. 先加速后减速

先加速后减速，指物体在从 A 点到 C 点时，不是单纯的加速或减速运动，而是在 A 点到 B 点时速度越来越快，在 B 点到 C 点时速度越来越慢。这种复合式的加减速运动，更加符合用户对于动作的视觉习惯，很多界面内的运动都使用这种先加速后减速的缓动。

图 8-12 为先加速后减速时运动距离随时间的变化曲线，物体运动时单位时间内，所经过的距离前半段越来越长，后半段越来越短。

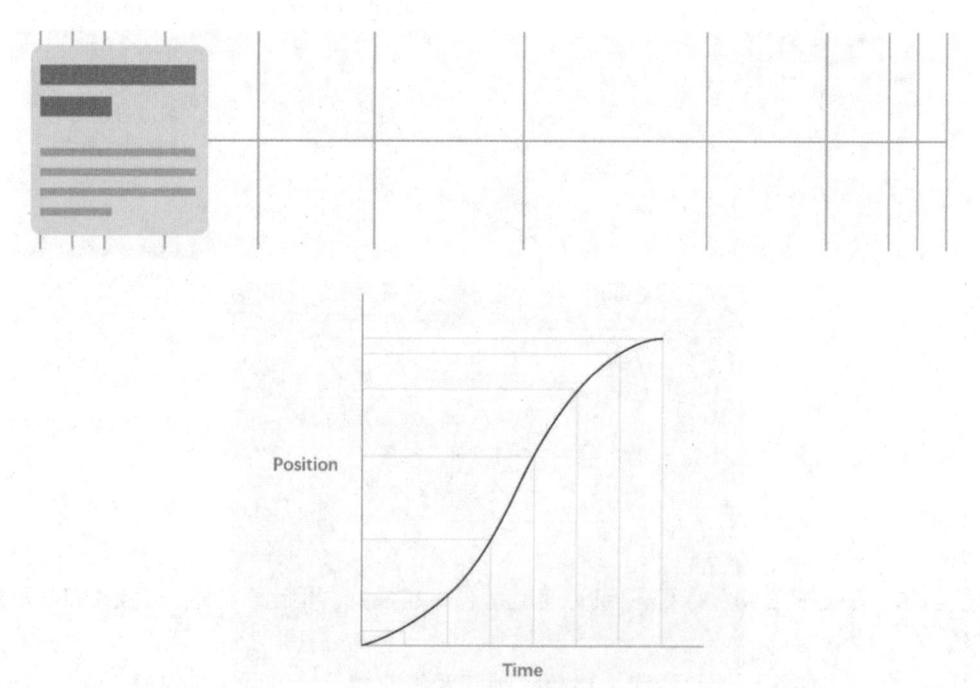

图 8-12　先加速后减速运动曲线

在界面设计中，减速运动和加速运动的动效都是同时存在的。

当一个新的元素进入屏幕的时候，用户希望其能快速进入，所以一开始的速度是快的；当这个元素快要到达的时候，用户会更加关注新元素的形态，这时候需要减速到达，让用户感受到形态的变化。

当用户点击元素退出当前页面，用户关注的是当前页面所给的反馈，所以该元素的初始速度不宜很快，否则用户感受不到是操作引起的变化，在确认操作无误后，快速划开，结束所有的动效。

8.3.2　线性运动

在 UI 设计中，线性运动是由 XY 坐标构成的，而在动效设计中，由于要考虑操作的便捷性，所以除了要考虑 *xy* 轴向，也要考虑 *z* 轴向。

直线运动看起来是非常不自然的，但是在对 UI 的操作中，却要利用这一特性，来区别操作的方式，以辅助用户对整体操作的理解。

x 轴指动效水平方向的运动，*y* 轴指动效垂直方向的运动，*z* 轴指垂直于屏幕的操作，如点击等。

以目前市面上各类操作系统的操作习惯为例，x 轴操作代表选择，y 轴操作代表行为，z 轴操作代表确认。以锤子 Smartisan OS 系统为例，用户拇指在界面中下部自下向上滑动并停留，就会激活多任务窗口显示，x 轴横向滑动可以在多任务之间进行切换；y 轴向上滑动可以关闭任务，向下滑动可以固定任务；z 轴点击可以激活选择当前任务。

为了实现和其他操作系统的区别，很多操作系统都会刻意设计一套截然不同的线性运动方式，其实这种方法会让用户增加对新系统的学习成本，这也是为什么很多用户在长期使用某品牌的产品后，很难再选用其他品牌的原因之一。如果确实要设计一套独立的线性运动方式，也应该有一套拥有固定规律的线性运动的原则。

8.3.3 缓入和缓出

缓入和缓出是两个对应的动态效果，又称之为淡入淡出，是指动态元素以透明度、大小和位置等方式进入或离开的动态效果。缓入是指元素缓慢进入场景，缓出是指元素缓慢离开场景，缓入和缓出是一种基础效果，能让动画感觉顺畅和真实。

缓入和缓出同样需要加入缓动以提高其真实性，用来表达元素在运动过程中的速度关系，也是元素运动的基本状态。

缓入是加速过程，缓出是减速过程，与其他动效不同，缓入和缓出元素的运动节奏与位置可以预期。用户可以提前对动效的效果做好心理准备。

8.3.4 悬停

悬停的动效主要针对网页端 UI 的动效制作，因为在网页端，用户可以操作鼠标来得到界面上的反馈信息，移动端不依赖光标进行界面操作，所以不需要考虑悬停的动态效果。

在网页端，当用户不知道该如何对控件进行操作时，会自觉地将光标移动到元素上面，这时候就会激活悬停的动态效果，就可以很直接地将信息反馈给用户。

悬停动效的主要作用有两个，一个是告知用户当前区域是可以操作的，例如当用户将鼠标悬停到某一个图片上的时候，图片透明度发生改变；另一个是告知用户操作的方式，例如当用户将鼠标悬停到网站左上角的标志位置，会提示返回首页的操作。

8.3.5 点击

点击的动效主要针对移动端 UI 的动效制作，而在网页端考虑得较少。在移动端 UI 中，由于没有悬停动效，所以用户对 UI 内容的操作是否完成、是否正确都依赖于点击以后的动态效果。例如，当用户在界面中输入了错误的用户名或密码后，输入框以抖动的方式告诉用户的操作是错误的。

网页端一般都考虑了悬停的动效，如果再加上点击的动效，就会让效果显得冗余和烦琐，所以网页端的点击动效可以不设置，或者只反馈用户操作正确与否即可。

8.4 动效在界面中的编排

动效也是需要编排的，其主要目的是让元素从一个状态切换到下一个状态，自然过渡，让用户的注意力自然地被引导过去。

动效在界面中的编排有两种不同的方式，一种是均等交互，另一种是从属交互。

8.4.1 均等交互

均等交互意味着所有的元素和对象都必须遵循一个特定的编排规则。

如图 8-13 所示，所有的卡片都沿着一个流向来引导用户的注意力，自上到下地加载。相反，没有按照这样清晰的规则来加载，用户的注意力就会被分散，元素的外观排布也会显得比较混乱。

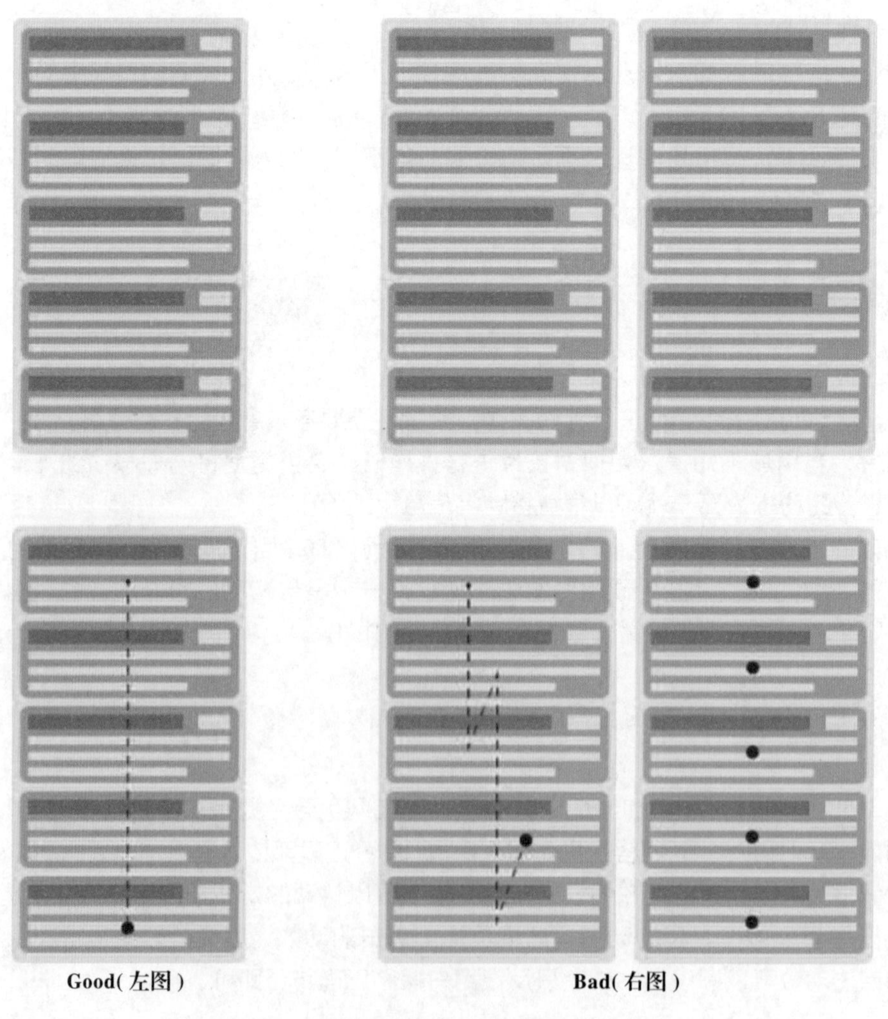

图 8-13　沿着一个流向来引导用户的注意力

至于表格式的布局，相对就复杂一些。在这里，用户的视线流向应该是清晰的对角线，因此，逐个区块次第出现是一个糟糕的设计。这样的逐个显示，一方面耗时太长，另一方面会让用户觉得元素的加载方式是锯齿状的，这种方式并不合理，如图 8-14 所示。

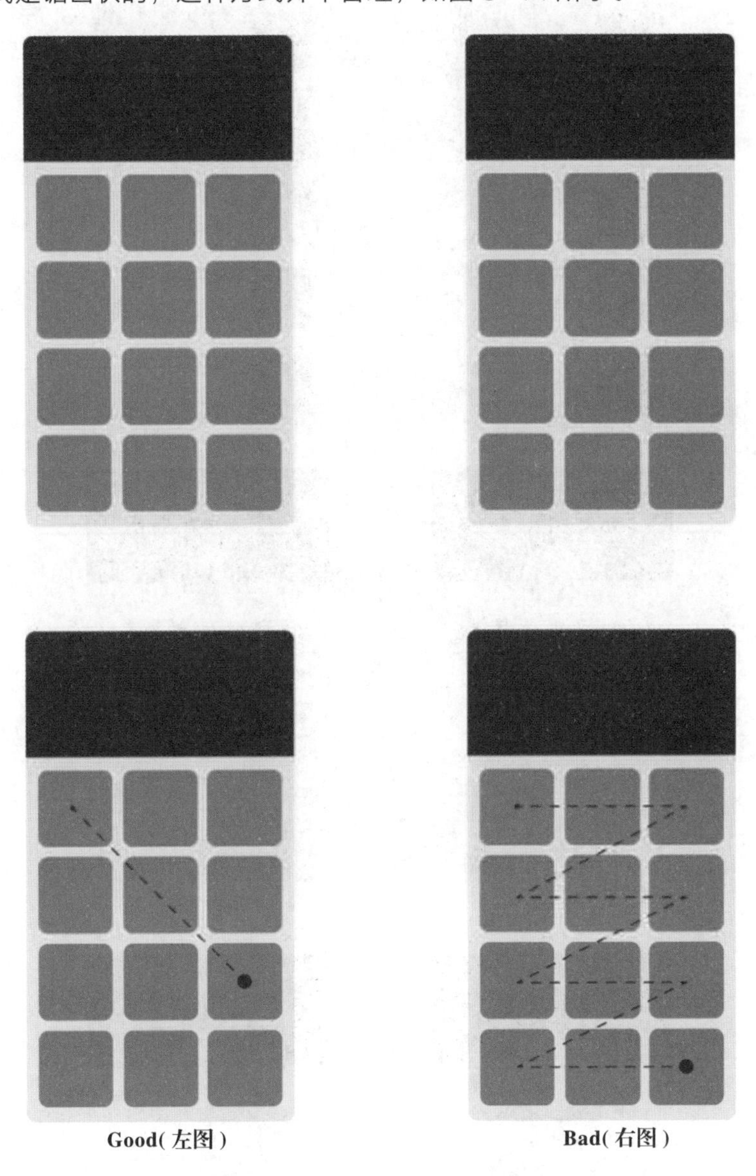

图 8-14　视觉元素沿着对角线加载

8.4.2 从属交互

从属交互是指使用一个视觉元素作为主体，以吸引用户的注意力，而其他的元素从属于主视觉元素逐步呈现。这样的动效设计不仅可以创造更强的秩序感，而且可以让主要的内容更容易引起用户的注意。

如图 8-15 所示，如果要设置多个动效，应该首先明确视觉元素的主体，并且尽量按照从属关系来呈现不同的子元素。否则因为注意力的分散，用户很难搞清楚哪个才是主要的。

图 8-15　视觉元素以主元素为中心设置从属关系

对于不同比例的元素之间的变化，除了要考虑缓动之外，其变化的轨迹也是有所不同的，并且变化的速度也是不一样的。如图 8-16 所示，原先以正方形排列的视觉元素，通过点击激活变成长方形的视觉元素，其运动轨迹是弧线的。

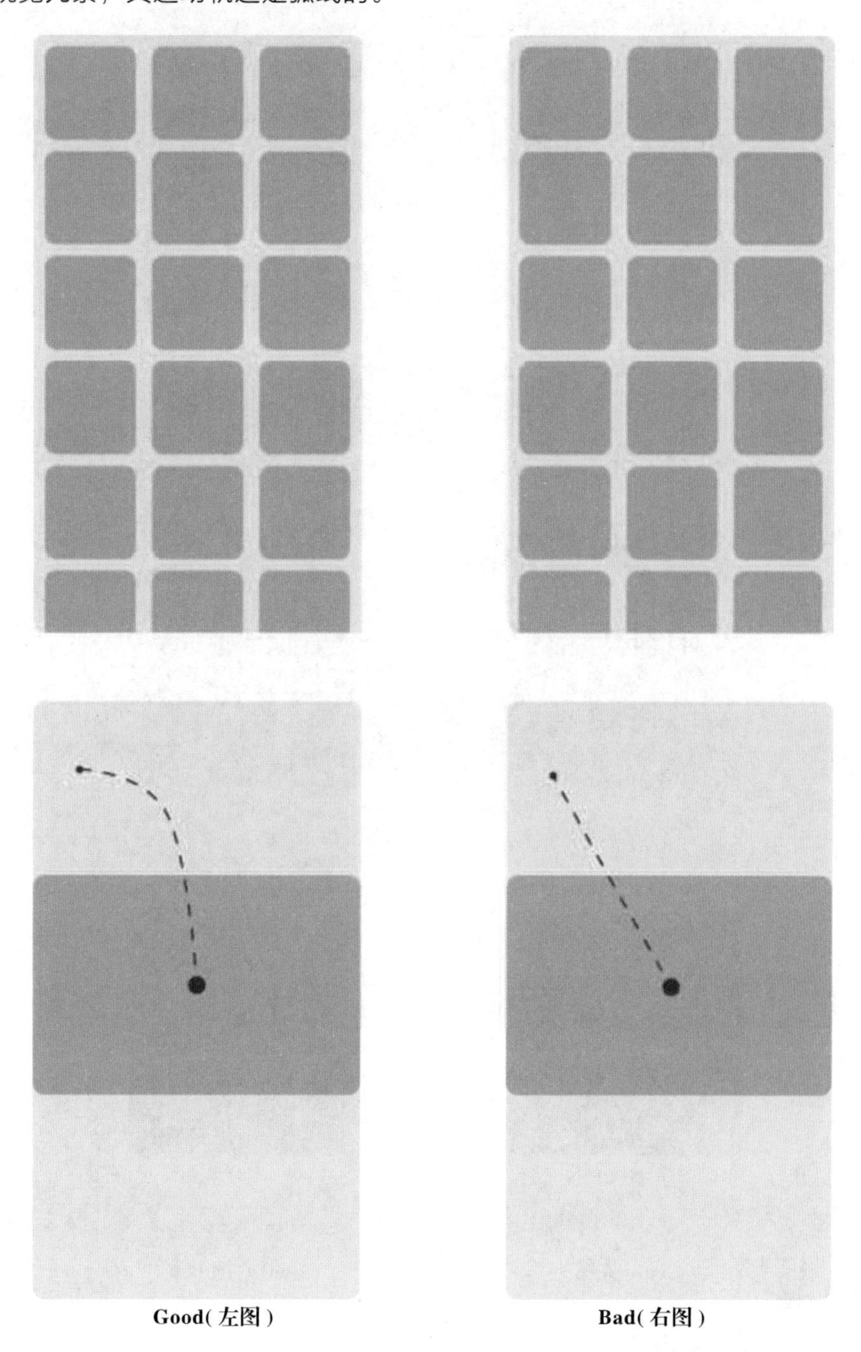

Good(左图)　　Bad(右图)

图 8-16　不同视觉比例元素的动效运动轨迹是弧线的

当视觉元素是按照相同比例改变大小的时候，应该沿着直线进行运动，这样的操作会更加方便，而且视觉效果更加舒服。如图 8-17 所示，对于等比例缩放的视觉元素，直线的运动轨迹会更加合理。

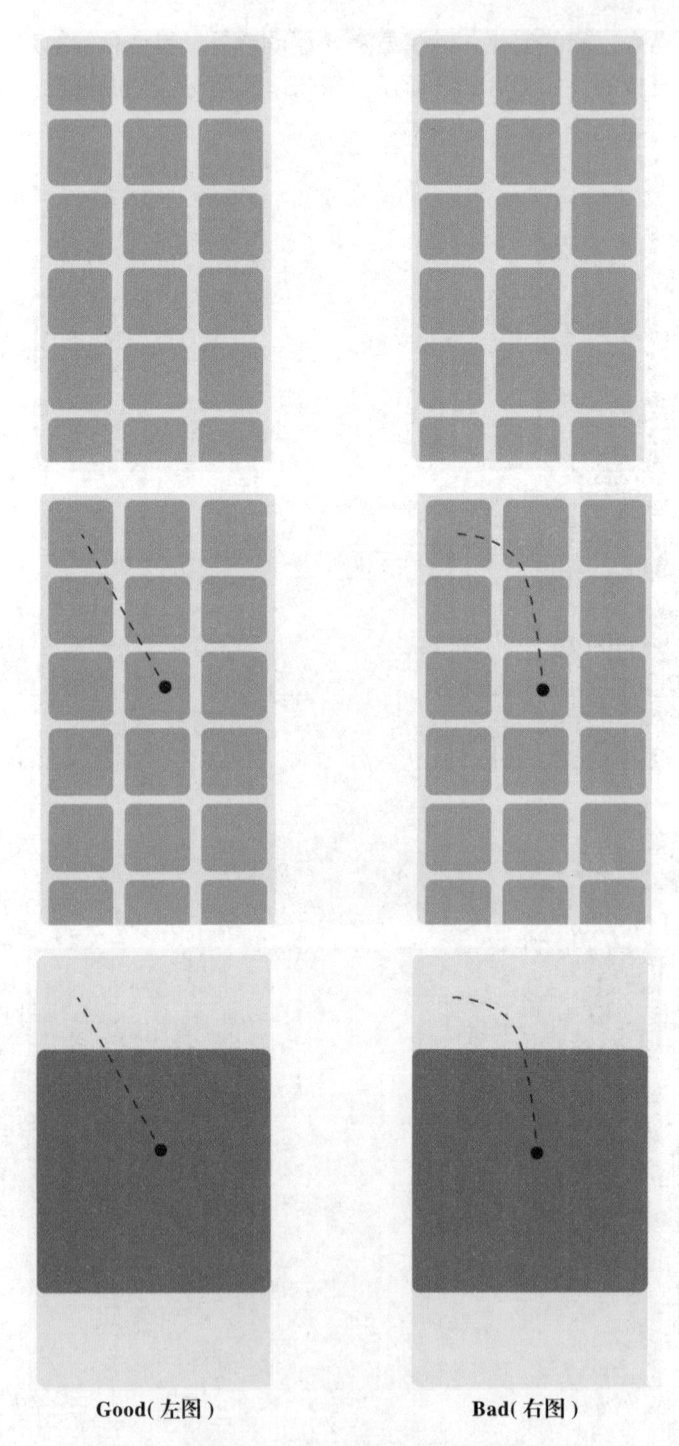
Good(左图)　　Bad(右图)

图 8-17　相同视觉比例元素的动效运动轨迹是直线的

在视觉元素较少的界面中，如果不同的视觉元素的运动轨迹相交，那么元素之间不可以彼此穿越，元素与元素不得重叠。如果每个元素都必须通过某个交点，到达另外一个位置，那么就需要给彼此留出足够的运动空间，如图 8-18 所示。

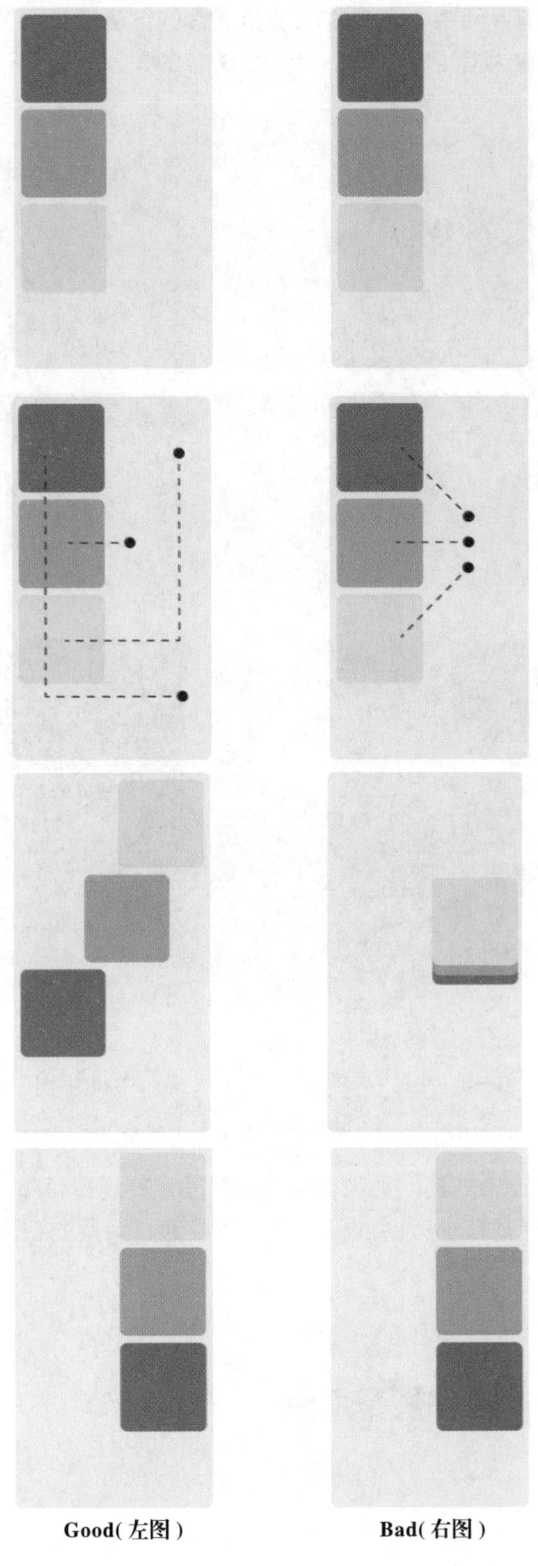

图 8-18　视觉元素在运动时不可以彼此穿越或重叠

在视觉元素比较拥挤的界面中，无法避免视觉元素的穿越或重叠，这时就只能让移动的视觉元素按照传统的运动方式到达指定的位置，但需要注意的是，一定要位于被穿越的元素的上方，如图 8-19 所示。

图 8-19　视觉元素穿越时要保证在所有元素的上方

动效设计不同于 UI 设计中的其他类别，虽然有其固定的规律可循，但是不同的情况下，动效的应用方式都会不同。设计师在进行动效设计时，需要通过大量的积累和尝试，才能制作出相对完整的动效。

8.5 动效制作规范

动效设计要服从于功能或内容，是为了更好地让用户使用功能、阅读内容，不能为了追求设计上的完美而牺牲了功能的使用体验。

8.5.1 动效制作原则

视觉上的层次感、贴近自然的动画效果可以让用户便于理解并感到愉悦，其设计的基本原则如下。

1. 流畅性

流畅是一个合格动效的基本要求，不卡顿、不闪烁和不跳帧是实现过渡流畅的重要方面，无论是缓入缓出还是加载动画，流畅都是动效的最基本的要求。

2. 开发成本

动效的开发成本比普通静态界面的开发成本要高，任何一个动效设计的开发都要考虑项目的投入与产出。设计师应该站在项目的角度来考虑，否则，动效设计只会停留在设计阶段，不能落实到项目中。

3. 性能与响应度

动效占用的系统资源比普通静态界面要大。因此要充分考虑设备的性能与限制，要保证在功能完善与健全的前提下进行动效设计，同时动效文件做得越小越好。

4. 克制

动效设计的最终目的是完成用户的视觉引导，提高用户体验，不是单纯的炫技。动效要简洁适度，不增加用户操作，不阻碍用户和不超过时限。最好的动效是让用户感受不到动效的存在，过度设计有可能会将用户的注意力吸引到动效上，而忽略页面要表达的内容与功能，造成操作流程上的割裂。

5. 自然

自然是动效设计中最难把握的一点，参照现实环境中的物体物理运动特点来完成动效设计，会让用户得到现实生活中的运动感受。不同的动效节奏和形式，会给用户带来不同的体验。

8.5.2 动效制作流程

动效设计是开发实现前最重要的一步，重在设计的表达。将设计师的想法准确地表达出来，让工程师可以准确理解，快速实现效果，就是动效设计最终想要的结果。

1. 文字描述

文字描述是对动效最基本的叙述，是最直接了解动效内容和效果的方式，说明文字务必条理清晰和通俗易懂，要对动画效果、动画参数和不同情况下的应用加以说明。

如图 8-20 所示，以抖音 App 为例，完成分享功能的动效规范的制定。在文字描述中必须准确叙述动效的各项内容。

1. 点击界面右下角的箭头分享图标
2. 界面底部上弹出分享框
3. 点击“分享到”选框内的“微信”图标
4. 屏幕中间出现弹框显示：视频已保存至相册
5. 点击分享给好友，界面跳转至微信

图 8-20　抖音 App 分享功能的文字描述

2. 图示说明

利用图示的形式，表达清楚动画的运动轨迹和运动原理。

如图 8-21 所示，在原型图中，要将动效运动的方式、运动的轨迹等内容，以图示的形式进行表达。

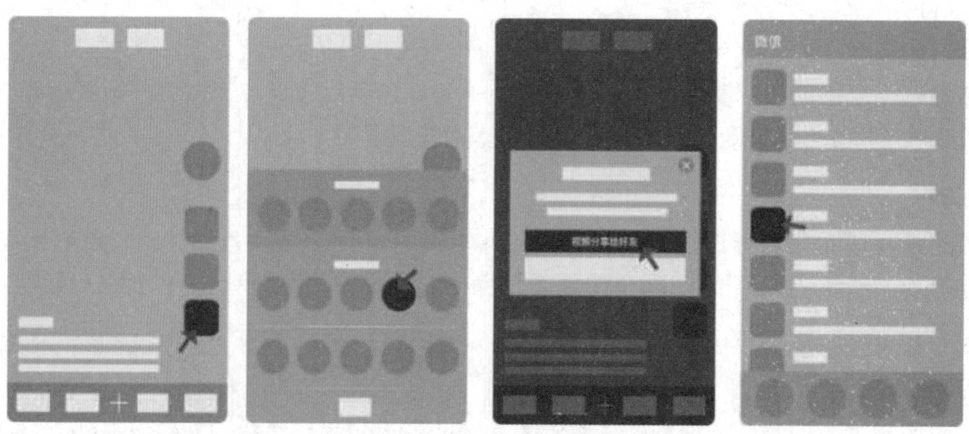

图 8-21　原型图图示说明

3. 基本参数

已默认 *x* 轴为时间轴，以时间线的形式表达时间、比例和透明度等内容。时间单位一般为毫秒，比例和透明度用百分比表示。

如图 8-22 所示，利用时间线的形式，对 UI 中的视觉元素的状态进行描述和表现。

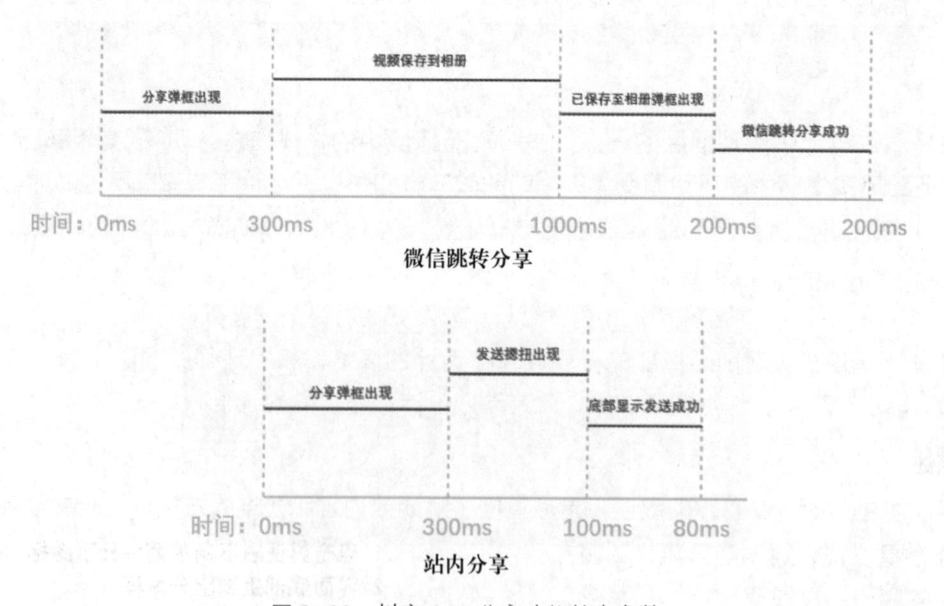

图 8-22　抖音 App 分享功能基本参数

4. 运动曲线

运动曲线通常用 *x* 轴代表时间，*y* 轴代表位置，来对视觉元素的运动方式进行可视化描述。

如图 8-23 所示，利用贝塞尔曲线，对动效的运动轨迹进行描述。

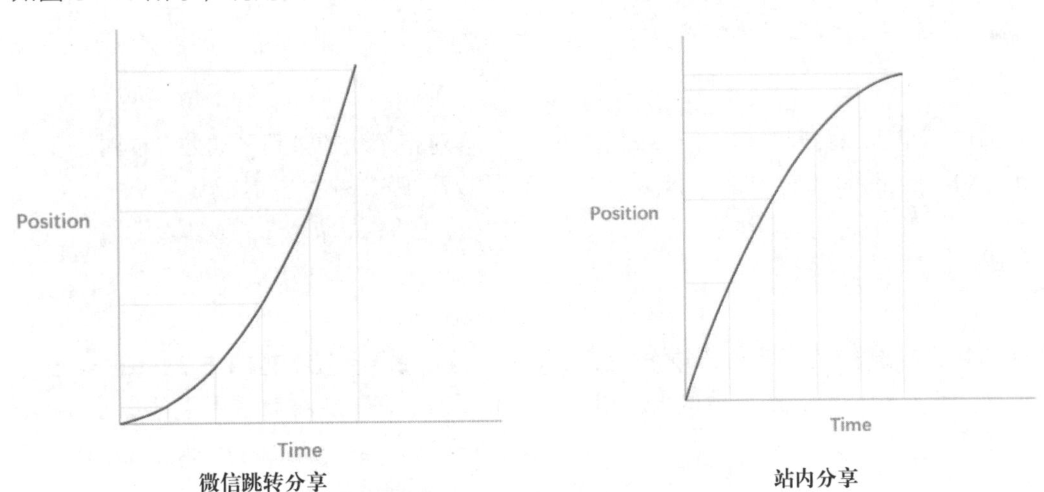

图 8-23　抖音 App 分享功能运动曲线

5. 动画 Demo

动画 Demo(演示) 的制作软件不限，但是经常使用的是 Adobe After Effects 和 Adobe Animate，输出的格式可以保证在电脑和其他移动端正常播放。常见的格式有 MP4、AVI、SWF 和 GIF 等。

如图 8-24 所示为完成的最终动效设计。

图 8-24　抖音 App 分享功能动效示意

动效设计让 UI 更加富有表现力和更加易用，其独特的魅力愉悦了用户的感官体验，目前还没有相对科学完整的动态设计规范。设计师在保持动态思维的同时，还要思考如何保证动效的一致性与可拓展性等。动效是为了解决某种功能需求而存在的，最重要的是一定要服从用户群体。

8.6 实践案例

本节通过两个实践案例对前面所述内容进行演示，对整个动效过程及动效制作过程都进行详细展示和介绍，但因为是静态界面，所以整个动态效果通过静态图片进行展示。

8.6.1 图片详情页动效

本小节讲解跳转图片详情页的动效过程，主界面包含两张图片和简短的文字介绍，双击图片，图片通过改变大小和位置完成变更过程，图片的详细介绍从屏幕底部上移至合适位置，整个动态过程为此界面的动效。

1. 动效过程

图 8-25 为整个动效的主界面，由两张主图片和简单的文字介绍构成，小圆点代替鼠标箭头，双击图片，小圆点闪动两次，界面会跳转成此图片的详细内容介绍。

图 8-26 为界面跳转过程，点击的图片半屏显示，文字跟随图片上下移动，详细介绍从屏幕底端上移到合适位置；另一个主图及文字下移至屏幕外。

图 8-27 为动效完成的最终界面，双击图片放大至合适的位置和大小，详细介绍内容会移动至合适的位置，整个屏幕只显示双击图片的介绍内容。

图 8-25　主界面双击图片动效

图 8-26　图片跳转详情页动效

图 8-27　图片详情页

2. 动效制作流程

首先使用 Adobe Illustrator 制作图片原型图（如图 8-28 所示）和界面原型图（如图 8-29 所示）。

然后将原型界面套上样机后放入 Adobe Animate 中，通过添加关键帧，创建传统动效完成动效制作，如图 8-30 所示。

图 8-30 为在软件 Adobe Animate 内制作动效的过程，白色背景为动效显示界面，显示界面下为时间轴，通过在时间轴上添加关键帧来确定动效的关键位置，确定好各个关键帧的位置关系后，通过创建传统动效让各个关键位置流畅地变更，如时间轴上的紫色区域；在时间轴上创建好所有动效过程后，就会形成一整套完整流畅的双击进入图片详情页的界面动效。

图 8-28　图片原型图

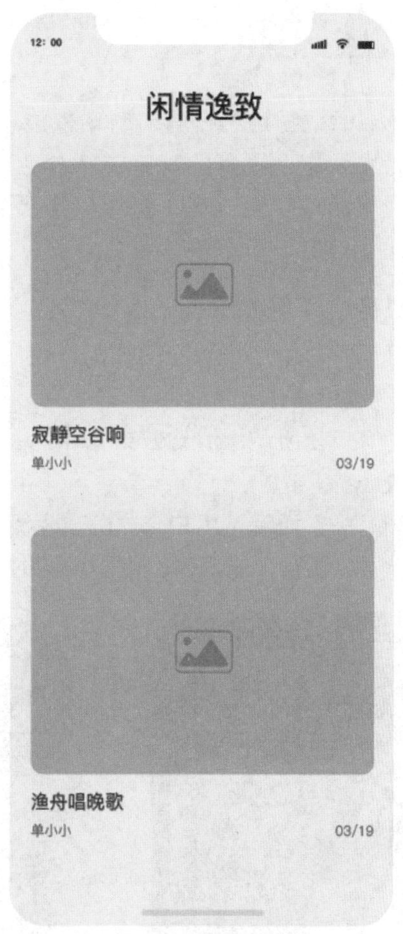

图 8-29　界面原型图

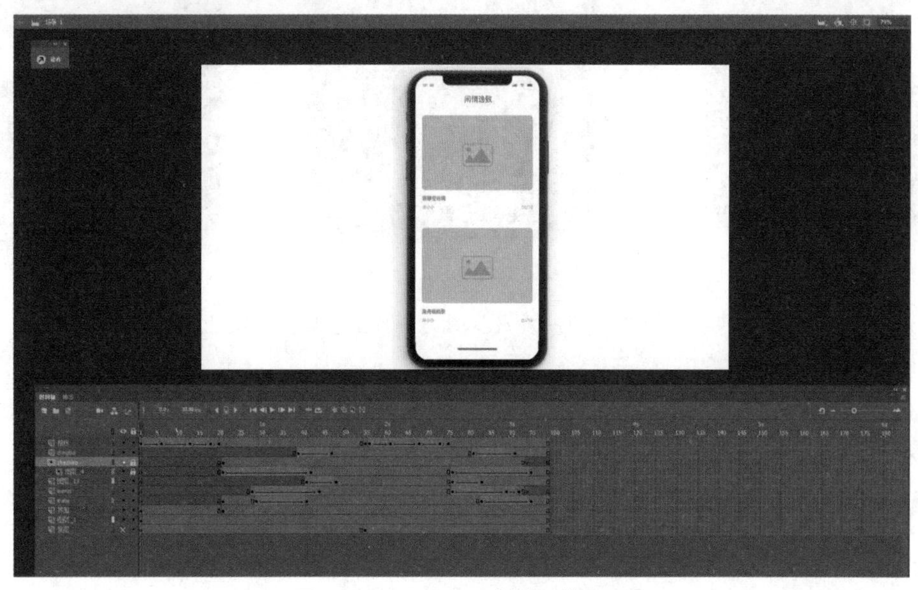

图 8-30　Animate 制作动效界面

8.6.2 图片信息跳转动效

本小节讲解图片左右滑动的动效过程，主界面由各个图片构成，通过左右滑动查看图片，点击图片会跳出此图片的简单文字介绍，再次点击图片会跳转到图片的详情页，图片通过改变大小和位置完成变更过程，介绍文字会从屏幕底部上移至合适位置，整个动态过程为此界面的动效。

1. 动效过程

图 8-31 为整个动效的主界面，用户可通过左右滑动选择图片，着重显示的图片相对其他图片偏大。

如图 8-32 所示，滑动效果为平滑，用户可通过左右滑动查看图片内容，在滑动过程中图片大小一致。

如图 8-33 所示，用户选择好图片后，中间显示的图片较大，两侧图片较小且显示不全，当要选择查看此图片详情页时，点击中间的大图即可。

图 8-31　动效主界面

图 8-32　图片左右滑动动效

图 8-33　选择主图动效

如图 8-34 所示，用户点击图片，图片变小，跳出白色底框，底框上显示评论人数及评价星数；图片分别向左右移动，选中的图片占据整个屏幕。

如图 8-35 所示，用户再点击一次图片，图片放大至半屏显示，白色底框消失，图片的详细介绍从屏幕底部上移至合适位置，详细内容涉及电影小图、名称和介绍。

2. 动效制作过程

首先使用 Adobe Illustrator 制作图片原型图（如图 8-36 所示）和界面原型图（如图 8-37 所示）出来。

图 8-34　白色底框弹出动效

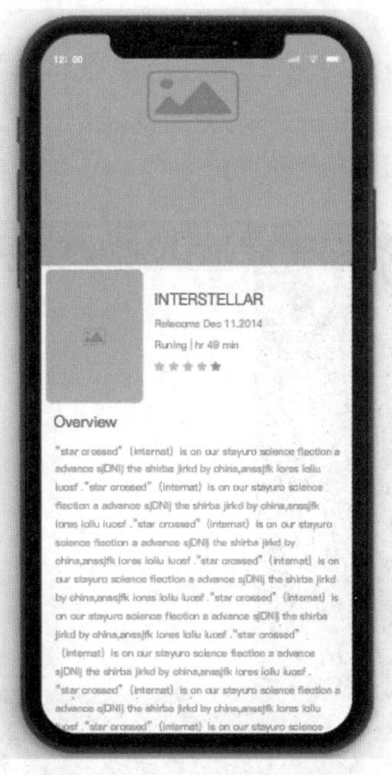

图 8-35　图片详情页动效

图 8-36　图片原型图

图 8-37　界面原型图

将原型界面套上样机后放入 Adobe Animate 中，通过添加关键帧，创建传统动效完成动效制作，如图 8-38 所示。

图 8-38 为在软件 Adobe Animate 内制作动效的过程，白色背景为动效显示界面，显示界

面下为时间轴，通过在时间轴上添加关键帧来确定动效的关键位置，确定好各个关键帧的位置关系，用“小锁”将遮罩和被遮罩图层关联起来，通过创建传统动效让各个关键位置流畅地变更，如时间轴上的紫色区域；在时间轴上创建好所有动效过程后，就会形成一整套完整流畅的左右滑动图片，点击进入详情页的界面动效。

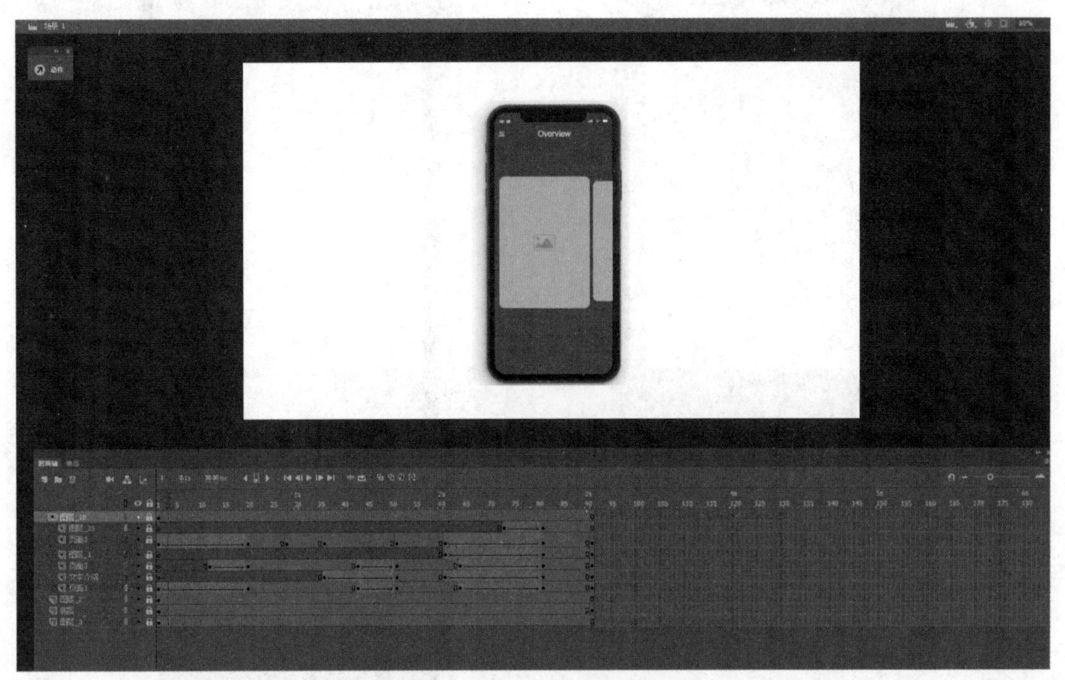

图 8-38　Animate 制作动效界面